AF391390

TOUTE LA VÉRITÉ

SUR LE

DRAME DE FOURMIES

LES CAUSES ET LES RESPONSABILITÉS

RÉFUTATION DE TOUTES LES ERREURS

ENQUÊTE DÉFINITIVE

NOMBREUX DOCUMENTS INÉDITS

PAR

SIXTE DELORME

PARIS

L. SAUVAITRE, ÉDITEUR

LIBRAIRIE GÉNÉRALE : 72, BOULEVARD HAUSSMANN

1892

TOUTE LA VÉRITÉ

SUR LE

DRAME DE FOURMIES

TOUTE LA VÉRITÉ

SUR LE

DRAME DE FOURMIES

LES CAUSES ET LES RESPONSABILITÉS

RÉFUTATION DE TOUTES LES ERREURS

ENQUÊTE DÉFINITIVE

NOMBREUX DOCUMENTS INÉDITS

PAR

SIXTE DELORME

PARIS

L. SAUVAITRE, ÉDITEUR

LIBRAIRIE GÉNÉRALE : 72, BOULEVARD HAUSSMANN

1892

TOUTE LA VÉRITÉ

SUR

LE DRAME DE FOURMIES

——————

I

LA VÉRITÉ N'EST PAS CONNUE

La vérité n'est pas connue. Pourquoi nous sommes-nous imposé la pénible tâche de la faire connaître ? Sur ce premier point comme sur tous les autres, nous nous expliquerons sans aucune réticence.

Un journaliste parisien qui a fait de longs séjours dans la région d'Avesnes, écrivait sous l'impression immédiate des dépêches du 1ᵉʳ mai 1891 :

« Je n'ai peut-être jamais éprouvé plus
« douloureuse surprise. Une émeute à Four-

« mies. les ouvriers se ruant sur les troupes
« appelées pour assurer la liberté du travail,
« la foule dispersée par la fusillade et laissant
« sur la place neuf morts et de nombreux
« blessés : quelle catastrophe imprévue !

« A qui incombent les responsabilités de
« l'épouvantable malheur? Comment cette
« population, que j'avais toujours vue si paisi-
« ble, a-t-elle été poussée au désordre? Par
« quelles excitations a-t-elle été soulevée? Je
« pose les questions, mais je n'attends pas de
« promptes réponses. Ce n'est pas aujourd'hui
« qu'on connaîtra l'exacte vérité. Le trouble
« est encore trop profond, la douleur trop
« vive, et cette douleur, la passion politique
« semble s'efforcer de l'exaspérer. »

Les premiers récits ne nous donnaient
qu'une idée confuse des événements. Ils
n'étaient pas même d'accord sur le nombre des
victimes. Sur les causes de l'émeute, sur les
faits qui avaient dû motiver la terrible répression, les informations étaient contradictoires.

Un grand nombre de journaux de Paris et
des principales villes du Nord avaient envoyé
leurs reporters. Autant de reporters, autant
de versions différentes. Ici, c'était le sentiment

de pitié qui dominait; là, c'était l'indignation. En arrivant dans la ville en deuil, d'honnêtes journalistes faisaient une enquête hâtive, et écrivaient des récits d'où débordait l'émotion sincère. Comme la majorité de la population, ils subissaient les irrésistibles entraînements du cœur.

D'autres reporters se préoccupaient surtout de ce que les gens du métier appellent *l'effet* : ils ne voyaient que « le drame », et, si sombre que fût ce drame, ils semblaient prendre à tâche d'en augmenter l'horreur. Sous les titres à sensation, *Cruautés inouïes! Épouvantables détails!* ils racontaient, par exemple, que la plupart des soldats du 145ᵉ envoyés de Maubeuge, étaient « des enfants de Fourmies », et que ces malheureux avaient été forcés par leurs chefs de fusiller leurs compatriotes, leurs parents! « Un de ces jeunes gens, « apercevant sa mère dans la foule, refusait « de tirer; son lieutenant lui avait brûlé la « cervelle! » Les erreurs dont fourmillaient ces relations n'étaient pas relevées; en tous cas les rectifications passaient inaperçues.

La passion politique se donnait libre cours dans l'exposé même des événements. La mauvaise foi était flagrante. Les faits nettement établis, ceux que personne n'aurait pu contester, étaient travestis suivant les intérêts des partis, suivant la *couleur* du journal, suivant les exigences de la clientèle.

Des politiciens qui, à une époque récente, avaient fortement agité le pays, saisissaient l'occasion de rentrer en scène. Après de scandaleuses aventures qui leur avaient fait perdre toute considération, ils croyaient retrouver tout à coup l'influence d'autrefois. Leurs journaux entreprenaient une nouvelle campagne, plus commerciale encore que politique, pour l'exploitation des haines et des colères. Chaque matin arrivaient de Paris, par ballots, des feuilles où tout était mis en œuvre pour exaspérer la douleur publique. Des équipes de camelots les répandaient dans la région. Jusqu'à la nuit, on entendait crier, à Fourmies et aux alentours, les titres et les extraits des articles les plus violents et les plus injurieux. Les fauteurs de désordre, les calomniateurs, les insulteurs de profession portaient tous les jours à la loi les mêmes défis et jouissaient d'une impunité absolue.

En faisant le procès de « l'infâme capital »,

qu'il rendait responsable de la catastrophe, un de ces journaux publiait de virulents réquisitoires contre la finance juive. Le chef de vente qu'il avait envoyé à Fourmies était précisément un juif, qui faisait à lui seul plus de vacarme que toute sa bande d'aboyeurs !

Les journalistes qui essayaient de faire une enquête sérieuse étaient traités d'ennemis du peuple, de mouchards, de vendus. On ameutait contre eux la population ouvrière.

Pour faire cette enquête, et pour dire au moins une partie de la vérité, il fallait un véritable courage. Nous devons constater que quelques écrivains n'ont pas reculé devant les périls de cette tâche. Ils ont fait ce qu'ils pouvaient faire en ces pénibles circonstances.

Fourmies était militairement occupé : la cavalerie, que la municipalité avait vainement demandée avant le 1ᵉʳ mai, était enfin arrivée; mais l'ordre n'était pas rétabli. En fait, la foule était toujours maîtresse de la rue; elle manifestait librement, sous les yeux des soldats, qui avaient pour consigne prudence, « patience ! » Dans les dépêches de la plupart des journaux, on lisait cette phrase qui ressemblait à un communiqué : « Les troupes ont

« l'ordre de rester insensibles aux injures,
« aux menaces, aux provocations de toutes
« sortes. » Un chef d'escadron nous disait :
« Jamais, en pays ennemi, nos soldats n'au-
« raient été soumis à de si rudes épreuves ! »
A leur arrivée, les dragons et les cuirassiers
avaient entendu crier : « Vive la Prusse ! »
On leur refusait le pain, on leur disait : « Vous
mourrez de faim ici, vous et vos chevaux ! »

Les étrangers, les reporters de journaux,
les voyageurs de commerce n'osaient plus
se montrer en chapeau de haute forme. Toutes
les affaires étaient suspendues.

M. Paul de Cassagnac écrivait, le 3 mai :
« Certes nous déplorons, autant que n'im-
« porte qui, les sanglants épisodes de Four-
« mies, mais nous sommes de ceux qui n'ad-
« mettent pas que, dans aucune circonstance,
« la foule soit maîtresse de la voie publique.

« Tout gouvernement ayant le souci de ses
« devoirs envers le pays doit maintenir la
« rue libre. »

Le gouvernement avait une situation fort
difficile. Les socialistes et les boulangistes le
traitaient d'assassin ; les radicaux du groupe
Clémenceau lui reprochaient de fermer

l'oreille aux revendications du *quatrième état*, et d'employer contre les manifestations ouvrières les procédés du second empire. Ses amis s'étonnaient de ses irrésolutions, et demandaient pourquoi il n'avait pas pris à Fourmies les mesures préventives qui, dans les grands centres industriels, avaient empêché le désordre. Les rapports de police et les avis des autorités locales ne lui avaient-ils pas fait connaître la situation ? Ne savait-il pas à quel point les conférences des socialistes et les efforts continus de la presse révolutionnaire avaient troublé les esprits? N'aurait-il pas dû, par exemple, dans les derniers jours d'avril, déclarer qu'il ferait appliquer la loi contre les attroupements?

Peut-être n'avait-il vu, dans les centres ouvriers de l'arrondissement d'Avesnes, que des communes rurales où les mouvements populaires ne pourraient dégénérer en émeutes. Il partageait sur ce point la trompeuse sécurité d'un grand nombre d'habitants du pays, qui disaient naïvement: « Il n'est jamais rien arrivé, il n'arrivera rien! » Les craintes exprimées par les industriels et par la municipalité lui paraissaient exagérées. En envoyant

à Fourmies quelques gendarmes et un peu
d'infanterie, il croyait faire assez pour parer
à toute éventualité. Sa principale préoccupation était de montrer qu'il saurait assurer la
liberté du travail.

La surprise fut cruelle. Ce mot du ministre
de l'Intérieur a tout l'accent de la sincérité :
« Parmi les plus mauvaises journées de ma
« carrière, il n'en est pas de plus triste que
« celle où j'ai reçu les déplorables nouvelles
« de Fourmies. »

Le gouvernement ne songeait qu'à pacifier.
Les premières dépêches le laissaient dans
une incertitude pénible. En attendant des
renseignements plus précis sur le terrible
conflit, sur ses causes, sur les responsabilités,
il adressait aux autorités civiles et militaires
des instructions qui pourraient se résumer
ainsi : « A tout prix éviter de nouveaux malheurs. »

Le samedi, 2 mai, le ministre de l'Intérieur
disait à la Chambre :

Nous nous préoccupons surtout des malheureux
événements de Fourmies ; mais je n'ai à cette heure,
une suffisante connaissance ni de leurs causes, ni de
leur étendue, ni de leur persistance possible.

Les députés boulangistes interrompaient :

M. Granger. — « Si vous n'aviez pas mis l'armée en contact avec le peuple, ce ne serait pas arrivé ! » (Cris. tumulte.

M. Gabriel. — « Les fusils Lebel ont fait merveille. »

Un membre du centre à M. Granger : « Vous restez chez vous, ces jours-là ! »

M. Constans. — « Je demande à la Chambre de remettre à lundi la discussion, et je termine en disant à ceux qui m'ont interrompu, que s'il n'y avait pas eu des excitateurs qui, eux, ne couraient aucun risque...

M. Terrier. — « Ils ont fait le bonheur du peuple, avec les millions de la duchesse ! »

M. Constans. — « Si des ouvriers honnêtes n'étaient pas poussés par des excitateurs qui ne s'exposent eux-mêmes à aucun danger (interruptions à l'extrême gauche), les événements que nous déplorons tous ne se seraient pas produits. » (Applaudissements à gauche.)

Dans cette même séance, M. Antide Boyer disait : « J'ai demandé pour notre interpella-
« tion la date de lundi, parce que mon collè-
« gue Dumay n'est pas ici en ce moment : il
« est allé prendre des renseignements. »

Des députés socialistes, des boulangistes turbulents, d'ardents révolutionnaires accouraient à Fourmies. Leurs espérances se trahissaient dans les lettres qu'ils adressaient aux journaux de Paris. « Pour le gouvernement, « disaient-ils, c'est peut-être *le coup de la* « *fin.* »

Sans difficultés, sans dangers, au milieu d'une population que sa douleur égarait, et qui n'écoutait plus que les paroles de haine, ils faisaient leur enquête sommaire. Mais quelle enquête ! Pour les guider et les renseigner, ils avaient les agitateurs qui, le péril passé, sortaient de leurs refuges, rassemblaient, haranguaient les malheureux exaspérés, promenaient le drapeau rouge, et se croyaient les maîtres du pays. Ils écrivaient sous la dictée de ces fauteurs d'émeutes, véritables auteurs de la catastrophe.

Quelles garanties d'impartiale exactitude pouvaient avoir de telles informations ? Tout au plus celle que présenterait une instruction dirigée par des contrebandiers contre les douaniers, par des braconniers contre les garde-chasse, par des incendiaires contre les gendarmes.

II

UNE INTERPELLATION

Le 4 mai, à la Chambre, on n'était pas encore exactement renseigné sur le nombre des victimes de la fusillade. Un député de l'arrondissement d'Avesnes, M. Éliez-Évrard, disait ce jour-là :

« En l'absence de l'honorable M. Guillemin, retenu dans sa circonscription, j'ai cru de mon devoir de venir rendre hommage à la population de Fourmies, à cette population si digne, si calme, si honnête et si laborieuse, comme le disait tout à l'heure M. le ministre de l'Intérieur.

« Vous savez, messieurs, quel malheur vient de l'atteindre. *Il y a treize morts*, car on peut discuter les mesures prises, on peut discuter si l'on devait envoyer de la cavalerie ou de l'infanterie ; ce qu'on ne peut malheureusement pas discuter, ce sont les morts. »

En réalité, le nombre des morts était de 9, celui des blessés de 30. On verra, d'après les rapports militaires et d'après les débats du procès Culine, que, si le cordon de troupes sur lequel s'étaient rués les émeutiers n'avait pas fait son douloureux devoir, le chiffre des victimes aurait été de *trois ou quatre cents*.

Enfin MM. Dumay et Ernest Roche arrivaient de Fourmies, où ils avaient passé vingt-quatre heures. Ils apportaient, disait-on, des *récits complets*, ils allaient faire la lumière et leurs *rapports* seraient des *pages d'histoire*.

Depuis quelques années, depuis surtout que la loi de 1882 a abrogé les dispositions pénales qui s'appliquaient aux excitations et provocations *non suivies d'effet*, chaque fois que, dans un centre industriel, se produit un désordre, où éclate une grève, les chefs ou sous-chefs du mouvement révolutionnaire font aussitôt annoncer qu'ils accourent. Les grands phraseurs des comités apportent la bonne parole : ils prêchent la lutte des classes, la guerre au capital et à l'*employeur*, c'est-à-dire au patron. Les foules crédules les accueillent comme des sauveurs. La crise se prolonge, les commissions prennent le chemin de l'étranger, l'industrie locale est en désarroi, les usines ferment leurs portes ou, du moins, réduisent le chiffre de leur personnel. Alors, les malheureux ouvriers, sans travail et sans pain, s'adressent aux sauveurs en demandant : « Que ferons-nous maintenant? » Et les sauveurs répondent : « Vous vous rappellerez que « votre plus implacable ennemi est le capi-« tal[1]... et vous tâcherez de trouver quelque « chose ailleurs. »

Dès le 2 mai, MM. Dumay et Ernest Roche s'étaient rendus à Fourmies. Était-ce pour travailler à l'apaisement? C'est ce qui n'est pas encore démontré.

M. Dumay a été longtemps appelé l'*agitateur de Monceau-les-Mines*. Il a, en effet, beaucoup agité. C'était et c'est toujours sa mission. Nous nous souvenons de la propagande révolutionnaire qu'il fit dans le bassin houiller de Saône-et-Loire. On sait quels furent les résultats de cette fameuse campagne. De pauvres

---

1. *Tâchez de trouver de l'ouvrage ailleurs!* Telles ont été les dernières paroles des députés socialistes aux malheureux ouvriers congédiés après les grèves de Wignehies.

mineurs allèrent s'asseoir sur les bancs de la cour d'assises de Chalon. Ce fut dans cette cause que M. Georges Laguerre fit ses débuts d'avocat. Les accusés avaient à répondre des crimes de violences par bandes armées, menaces de mort, pillage d'armes, incendie ou tentative d'incendie. Leur plus grande faute était d'avoir cru, sur la parole des apôtres socialistes, que le jour du bon combat était arrivé. M. Dumay ne fut pas impliqué dans l'affaire : il avait quitté le pays, il lui fallait un plus vaste théâtre. Les pauvres mineurs ont expié dans les prisons un instant d'égarement. M. Dumay, ancien cabaretier, ancien marchand de journaux, est député de Paris.

Il représente *le parti ouvrier socialiste révolutionnaire et la Commune*, car il a adhéré sans réserves au programme législatif du 6e congrès régional (mai 1885), dont voici quelques articles :

7. — Les communes maîtresses de leur administration, de leur budget, de leur force militaire et de leurs services publics.

8. — Liberté entière de coalition pour les communes.

11. — Réduction de la journée de travail à huit heures au maximum, avec fixation, par chaque corporation, d'un minimum de salaire. En cas de force

majeure, laissé à l'appréciation des travailleurs, les heures **supplémentaires** seront payées doubles.

19. — Intervention résolue de l'État dans les branches diverses **du travail privé**, ateliers, compagnies, banques, entreprises agricoles, industrielles, commerciales, — d'abord pour imposer aux employeurs des cahiers des charges garantissant les intérêts des travailleurs et les intérêts collectifs, ensuite pour transformer progressivement toutes les industries bourgeoises en services publics socialistes, dans lesquels les conditions seront réglées par les travailleurs eux-mêmes.

M. Dumay s'était présenté contre le candidat boulangiste, M. de Rochefort. Le manifeste de son comité, vu et approuvé par lui, disait aux électeurs du 20ᵉ arrondissement (1ʳᵉ circonscription):

« La caractéristique de votre vote est surtout la mise en minorité de M. Rochefort, ce lieutenant du dictateur raté de Portland-Place, aujourd'hui l'allié de ceux qu'il traitait jadis de pires gredins, l'allié de la tourbe impérialiste qui nous a conduits à Sedan. »

Dans cette même lutte électorale, M. Ernest Roche, rédacteur à l'*Intransigeant* (directeur M. Rochefort, parlait ainsi aux électeurs du 17ᵉ arrondissement (2ᵉ circonscription) :

« Citoyens,

« Je reçois du général Boulanger la proclamation

qu'il adresse aux électeurs. Je me hâte de la porter à votre connaissance.

Citoyens, je n'ai rien à ajouter aux mâles paroles du vaillant chef qui marche à notre tête.

« Aux urnes, et que votre verdict soit le témoignage éclatant *du dévouement que nous devons tous au général Boulanger !* »

À Fourmies, M. Dumay, recueillant des renseignements sur la catastrophe du 1er mai, avait eu pour collaborateur le zélé commis-voyageur du Boulangisme, M. Ernest Roche, devenu comme lui, député de Paris. Ils avaient fait ensemble leur enquête, ils revenaient ensemble pour interpeller le Gouvernement. Les journaux socialistes et les feuilles boulangistes annonçaient « qu'ils feraient tomber ce « ministère d'assassins dans le sang des inno-« centes victimes ».

Ce fut M. Dumay qui porta les premiers coups. Il commença son discours sur un ton de plaisanterie qui produisit une impression pénible. En vain lui faisait-on remarquer que la situation était trop grave : il semblait vouloir prouver avant tout qu'il avait autant d'esprit que les pamphlétaires en vogue. Après un résumé très bref des nouvelles de Lyon,

Marseille. Charleville, il disait, raillant toujours avec la même désinvolture :

« Enfin, à Fourmies, il a été procédé à l'exécution sommaire de gens ayant déclaré longtemps à l'avance qu'ils voulaient manifester pacifiquement. En présence de ces faits, je me demande si certains anarchistes, qui ne rêvent que plaies et bosses, n'ont pas réussi par des moyens occultes à introduire un des leurs dans le Gouvernement (rires, exclamations, protestations) . »

La suite étant sur le même ton, le président et plusieurs députés rappelèrent l'orateur au sentiment des convenances :

M. Félix Faure : « Le sujet est trop grave pour prêter à la plaisanterie; il doit être traité sérieusement. »

M. Maurice Lasserre : « Nous ne sommes pas ici dans une réunion publique; nous sommes à la Chambre! »

M. Dumay continuait de persifler le Gouvernement, lui reprochant de ne pas comprendre le 1er ouvrier, et d'avoir voulu « jouer les ministre Barbantin et les baron de Breteuil » en empêchant *des manifestations de dix ou vingt personnes*, tandis que, dans la monarchique Angleterre et dans la monarchique Allemagne. 80.000 ouvriers d'une part. et 60.000 de l'autre, avaient pu manifester librement.

M. *Armand Despres* : « On ne tue pas les gendarmes. en Angleterre : on les respecte ! »

Revenant aux événements de Fourmies. M. Dumay prétend en avoir découvert les causes.

C'est d'abord ce qu'il appelle *le manifeste des patrons*. Nous donnerons plus loin le texte exact de cet appel « au bon sens des ouvriers « honnêtes. qui sont encore en grande majo- « rité dans la région », et nous mettrons en regard la violente réplique des meneurs révolutionnaires. à laquelle M. Dumay ne fait pas même allusion.

C'est ensuite. s'il faut en croire l'orateur socialiste. la brutalité des gendarmes. Envoyés à la filature la Sans-Pareille. ces gendarmes se sont trouvés « en face de 2.000 personnes. « des femmes surtout. venues là non pas pour « chercher à enfoncer les portes et entrer de « force. mais pour attendre la sortie du déjeu- « ner et *inviter leurs camarades à ne pas rentrer* « *à neuf heures.* Y avait-il là nécessité de « dégainer et de s'élancer *sur des gens inoffen-*

« *sifs qui, naturellement, répondirent par des*
« *coups de pierres !* »

Enregistrons ces aveux de M. Dumay : 1° les
gendarmes, chargés de protéger, à la Sans-
Pareille, la rentrée que 2.000 manifestants
voulaient empêcher, ont été obligés de dégainer; 2° la foule les a attaqués à coups de
pierres. Nous établirons ensuite, par des
preuves irrécusables, que, dès 5 heures du
matin, la manifestation prenait un caractère
agressif, et qu'à ce moment un grand nombre
de manifestants avaient déjà leurs poches
bourrées de cailloux.

Passant rapidement, — et légèrement, —
sur les faits qui, dans le courant de la journée,
motivèrent quelques arrestations, M. Dumay
arrive au terrible conflit.

« Vers cinq heures du soir *on* tenta d'aller délivrer
« les prisonniers.

« Ah ! *je sais que la situation était critique pour ceux*
« *qui recevaient des pierres;* mais enfin ne lisons-
« nous pas tous les jours dans les journaux, à propos
« de l'arrestation d'un assassin quelconque, que la
« police a failli être impuissante à empêcher le pu-
« blic d'écharper le coupable ? » Bruit; protestations;
on fait remarquer à l'orateur qu'il n'y a aucun rapport entre ces deux situations.

M. Dumay reprend, sur ce ton de persiflage qui ne lui a pourtant pas réussi :

« Lorsque ces pierres ont été lancées, il y a eu, dit-on, quatorze blessés. Mais cela ne justifie pas les coups de fusil. Personne n'a vu ces blessés. L'autorité militaire et l'autorité civile ont peut-être pris des mesures pour les faire soigner quelque part. Où ? nul ne le sait. Mais la chose est possible, et je ne la conteste pas. Était-ce un motif pour tirer sur des gens *inoffensifs?* »

Telle est, paraît-il, la théorie socialiste : les *manifestants* qui blessent à coups de pierres les gendarmes et les soldats sont des gens inoffensifs, et le devoir des soldats et des gendarmes est de se laisser blesser sans riposter !

Enfin, passant du plaisant au tragique, l'orateur parle « d'exécutions sommaires à coups de revolver ».

« J'ai voulu, dit-il, m'assurer de l'une d'elles qui a partout excité l'horreur de ces populations ; j'ai voulu savoir s'il était vrai qu'une jeune fille, Maria Blondeau, avait eu la tête fracassée d'un coup de revolver par un sous-officier de gendarmerie. »

Les faits sont connus maintenant : les débats du procès Culine et de nombreux témoignages ont donné le plus formel démenti à ces accusations contre les gendarmes.

Maria Blondeau était au premier rang de la bande d'émeutiers qui s'acharnait contre les 34 soldats du 145ᵉ de ligne. Elle portait une branche d'aubépine enrubannée et avec cette branche elle fouettait les naseaux du cheval d'un officier. Le cheval se cabrait, et l'officier allait être désarçonné, puis enveloppé, terrassé, comme le lieutenant Colsenet. Un instant après, c'est-à-dire au moment du corps à corps, Maria Blondeau était atteinte à bout portant par la fusillade. Les gendarmes étaient alors derrière le cordon de troupe qui soutenait, ont dit les témoins, « l'assaut des enragés ». Contrairement aux affirmations de M. Dumay, ils ne déchargèrent pas leurs revolvers sur le peuple. Plusieurs d'entre eux avaient été blessés. Le maréchal des logis Leriche, qui avait eu déjà trois côtes enfoncées, venait encore d'être renversé, frappé, piétiné.

Telle est l'exacte vérité.

« Il y a eu, dans ces malheureuses journées, « disait le *Petit Journal* du 5 mai, d'autres « victimes que celles du devoir. Il y en a eu « de responsables et d'irréprochables, de cou- « pables et d'innocentes. Il y a eu des victimes « des événements et du hasard, qui ont droit

« également à une large part de commiséra-
« tion. » Et l'auteur de l'article, avec autant
de courage que de bon sens, ajoutait qu'il ne
fallait pourtant pas oublier les braves gens
frappés en défendant l'ordre public !

Oui, c'était un acte de courage, ce jour-là,
de plaider la cause des victimes du devoir !

III

AUTRES RÉCITS

M. Ernest Roche ne persifle pas; c'est un passionné, nerveux et fougueux. Lorsqu'il monte à la tribune, après un intermède presque bouffon dont M. Antide Boyer, le député socialiste de Marseille, a fait tous les frais, la Chambre devient houleuse. Elle sait que le texte primitif de la demande d'interpellation était violemment injurieux pour le Gouvernement, et surtout pour M. Constans que le parti boulangiste considère comme son plus redoutable ennemi. Elle a appris que M. Roche commence une campagne de meetings et de conférences, qu'il cherchera le succès dans les grands effets de mise en scène, qu'il a apporté de Fourmies des vêtements troués par les balles. A la fin de son récit, il étalera la chemise sanglante. Le paquet est là, sur la tribune.

Le député boulangiste débute en ces termes :

« Messieurs, je ne dirai pas, ainsi que j'en avais « l'intention, que j'arrive du *théâtre du crime*; puis- qu'on m'oblige à me servir d'un autre terme, je « dirai que j'arrive du *théâtre* des événements de « Fourmies, et je vais dénoncer a la Chambre, à la France entière et au monde civilisé, ce que j'ai vu « et ce que j'ai appris. »

C'est son enquête qu'il apporte, et cette enquête « sincère, complète, désintéressée » il l'a faite, dit-il, sur la place du massacre, « avec les commerçants, les boutiquiers et les « ouvriers qui se trouvaient réunis dans les « établissements publics, » — les estaminets. On lui a raconté que, dès le 30 avril, la troupe et la gendarmerie avaient occupé les filatures, et que les ouvriers ont été irrités de voir « qu'on les prenait pour des mauvais sujets « et qu'on prétendait les faire travailler de « force. »

Première inexactitude : les troupes envoyées

d'Avesnes pour protéger les ouvriers qui voulaient travailler, — et ces ouvriers étaient nombreux, — n'occupaient pas les filatures. Ces troupes, deux compagnies du 84° de ligne, avaient été logées dans les bâtiments et les cours des écoles Victor-Hugo. Un autre détachement était cantonné à Wignehies. Les forces totales de la gendarmerie se composaient de la brigade de Fourmies (non montée) et de *neuf* cavaliers. Par quelle combinaison ces quelques gendarmes auraient-ils pu occuper une trentaine d'établissements industriels ?

C'est d'abord sur les gendarmes à cheval que portent les accusations de M. Roche.

« A neuf heures, dit-il, les manifestants de la fête « du travail étaient venus à la Sans-Pareille *pour* « *exhorter leurs camarades à faire comme eux.* »

Il faudrait lire : *pour empêcher la rentrée* ; ce serait plus court et plus exact.

« La troupe regardait, impassible. »
« Les gendarmes, sur l'ordre du lieutenant et sans « provocation, ont mis sabre au clair et ont chargé. Un « homme a été blessé, un enfant a eu l'oreille à moitié « coupée, et deux citoyens ont été retenus prison-« niers.
« La colère de la foule a commencé là et s'est « manifestée en effet par des pierres lancées, mais

« seulement après la charge. Le lieutenant qui l'avait
« commandée a été atteint par une pierre. La gen-
« darmerie a dû reculer devant le flot grossissant
« des ouvriers. *La troupe est venue la protéger.* »
(Elle était casernée à plus d'un kilomètre de la
Sans Pareille.)

À ces récits inexacts nous opposerons, dans
les chapitres suivants, en retraçant les événements heure par heure : 1° les rapports des
témoins oculaires, 2° les condamnations pro-
noncées, le samedi 2 mai, par le tribunal
d'Avesnes, contre un certain nombre de *manifestants*, pour injures, menaces et violences.

« La foule, continue l'orateur, se masse sur la place
« de la Mairie et chante plusieurs refrains. Des bous-
« culades se produisent, des coups de revolver sont
« ostensiblement tirés en l'air par le commissaire de
« police, par les agents et quelques gendarmes. »

Affirmations erronnées, comme on le verra
par les débats du procès Culine.

« Deux autres prisonniers sont faits à cette occa-
« sion. Des citoyens vont auprès du maire réclamer leur
« élargissement et reviennent vers la foule annoncer
« que le maire a promis de les mettre en liberté dans
« la soirée, vers cinq heures. »

Le maire n'a pas fait cette promesse.

« La foule revient, recommence à chanter, ré-

« clame ses prisonniers et ajoute aux refrains du
« matin ce refrain nouveau : « C'est nos hommes qu'il
« nous faut. »

Elle y ajoute aussi, des milliers de témoins
pourraient l'attester : « *C'est la guerre qu'il
nous faut ! C'est du sang qu'il nous faut !* »

« Vers 4 heures, un roulement de tambours se fait
« entendre en même temps qu'avait lieu une charge
« terrible de la gendarmerie, qu'on n'avait pas vue
« venir, car elle arrivait d'un chemin tournant et
« débouchait brusquement sur la place. Les gendarmes
« ont le sabre à la main et frappent de tous côtés.
« Des femmes, des enfants et des vieillards sont ren-
« versés, foulés aux pieds des chevaux. L'exaspéra-
« tion monte. Un grand nombre de citoyens ripostent
« aux gendarmes avec des pierres, etc. »

L'exacte vérité est que, dans cette terrible
charge, les gendarmes *seuls* ont été blessés.
C'est en essayant de faire déblayer la place que
le maréchal des logis Leriche a eu trois côtes
enfoncées. Le commissaire de police s'efforçait
de rétablir le calme : les émeutiers, retroussant leurs manches, répondaient à ses paroles
d'apaisement : « Oui, c'est du sang... du
sang qu'il nous faut ! »

Les manifestants se reforment sur la
nouvelle place. M. Roche reconnaît *qu'ils se*

*sont armés de pierres et de bâtons, en prévision
de nouvelles charges de gendarmerie.*

« C'est surtout, dit-il, à la gendarmerie qu'ils en
« veulent, car ils ont toujours crié « vive l'armée ! »
« et c'est aux gendarmes qu'ils lancent leurs pierres
« par-dessus les soldats. Des pierres s'égarent de
« leur destination (*Exclamations sur divers bancs*),
« et, principalement lancées par des gamins, ont
« touché des soldats.

« *M. Paul de Cassagnac.* — Ce sont les pierres qui
« ont tort, alors !

« *M. Ernest Roche.* — Nous allons voir. Le cheval
« du commandant en reçoit une sur le poitrail; un
« grand désordre règne, *manifestants et soldats sont
« corps à corps.* Le commandant revient derrière ses
« troupes, et c'est à ce moment que, sans qu'on sache
« qui en a donné l'ordre, sans sommations préalables,
« sans roulement de tambours ni garde à vous ! de
« clairon, un terrible feu de peloton a été tiré sur
« cette masse de monde.

« Une immense clameur s'est élevée : la fusillade
« continue et dure trois ou quatre minutes. La foule
« cherche un refuge dans les estaminets. La place
« déblayée, les soldats tiraient encore. Des officiers
« et des gendarmes ont poursuivi des femmes et les
« ont tuées à coups de revolver sur le trottoir. »

Il est établi, en effet, par un grand nombre
d'irrécusables témoignages, que les soldats du
commandant Chapus (ils n'étaient plus que
trente, les autres avaient été blessés) étaient

corps à corps avec les émeutiers, qu'on les saisissait par les jarrets pour les faire tomber, qu'on leur arrachait leurs fusils, qu'ils allaient être désarmés!

Dans le reste du récit, autant d'erreurs que de mots. Voici la vérité, que personne aujourd'hui n'oserait contester :

Le commandant Chapus, sans y être obligé par la loi et les règlements dans ce cas de corps à corps, a fait plusieurs sommations verbales. Une fois même — sommation *in extremis*, — il a fait tirer en l'air. Il n'a commandé le feu contre les émeutiers que lorsqu'il a vu que ses soldats ne pourraient plus défendre leurs armes.

Les trente soldats ont brûlé chacun deux cartouches. La fusillade n'a donc pas duré *six secondes*.

La place a été immédiatement balayée et le feu a aussitôt cessé. Il avait complètement cessé, quoi qu'en ait dit M. Roche, lorsque M. le curé Margerin est sorti du presbytère pour apporter aux victimes les secours de la religion. M. le curé l'a très nettement déclaré dans ses prônes.

Les officiers et les gendarmes n'ont pas

poursuivi les fugitifs: ils n'ont tiré sur ces malheureux aucun coup de revolver.

« *M. le comte de Mun.* — M. Roche, voulez-vous me
« permettre de vous demander si vous avez su où
« étaient le maire et le sous-préfet ?
« *M. Ernest Roche.* — Je l'ai su évidemment, le
« maire était au milieu de la place, ceint de son
« écharpe, derrière les soldats. »

Encore une erreur, que nous rectifierons en temps et lieu.

M. Ernest Roche raconte qu'il a voulu voir les cadavres de quelques victimes: il étale la chemise ensanglantée et termine son discours en criant, au milieu des protestations de la majorité, « qu'on a fait remplir par les sol-
« dats le rôle de bouchers et d'assassins.... »

« Oui! ajoute-t-il, on a déshonoré les soldats qu'on
« a fait servir à une semblable besogne, et il n'y a
« pas d'explication, il n'y a pas d'excuse, il n'y a pas
« d'ordre du jour, il n'y a rien qui puisse laver d'un
« semblable crime; et s'il y avait une justice en France,
« et si nous étions dans cette assemblée les hommes
« que nous ne sommes pas, M. Constans payerait de
« sa personne la mort de ces innocents! *Tumulte*
« *prolongé.* »

Le récit de M. Ernest Roche, ce récit où, presque à chaque ligne on pourrait relever une erreur. a reçu. à la Chambre, la grande publicité d'une séance « orageuse » : la plupart des journaux l'ont reproduit sans discussion : M. Ernest Roche l'a répété textuellement dans les nombreuses conférences qu'il a faites à Paris et en province : il l'a colporté de ville en ville. dans cette tournée où l'accompagnaient. dit-on. deux jeunes *Fourmisiennes*. Aujourd'hui encore la relation du député boulangiste passe, même dans le Nord, pour article de foi. La nécessité de rétablir les faits dans toute leur exactitude n'est-elle pas déjà suffisamment démontrée?

Pourtant. cette démonstration n'en est qu'à ses premiers points. Nous allons la compléter.

IV

LES RAPPORTS OFFICIELS

Le ministre de l'Intérieur, répondant à MM. Dumay et Ernest Roche, faisait d'abord connaître les instructions qu'il avait transmises aux préfets en vue des manifestations ouvrières du 1ᵉʳ mai. Ces instructions pourraient se résumer ainsi :

« Vous recevrez les délégations qui vous apporteront des pétitions adressées à vous-mêmes, ou destinées à être transmises aux pouvoirs publics; mais vous refuserez celles qui proviendraient de rassemblement formés sur la voie publique.

« *Vous défendrez toutes manifestations sur la voie publique, dans toutes les localités où vous estimerez qu'elles peuvent offrir un danger.*

« Si les manifestations sur la voie publique vous

« paraissaient délictueuses ou dangereuses, vous
« n'hésiteriez pas à les empêcher. »

Il lisait ensuite à la Chambre un rapport
télégraphique du préfet du Nord sur les événements de Fourmies. Voici ce document :

« Fourmies, 3 mai 1891.

« Je résume toutes mes précédentes dépêches sur
« la journée du 1er mai. A la demande expresse de la
« municipalité, préoccupée d'assurer le maintien de
« l'ordre, pour lequel elle manifestait des craintes
« sérieuses d'après les renseignements recueillis,
« deux compagnies d'infanterie, à défaut de cava-
« lerie que le général Loizillon m'avait déclaré être
« dans l'impossibilité de fournir, étaient envoyées
« à Fourmies, vendredi matin, en même temps que
« neuf gendarmes à cheval et neuf à pied, sous le
« commandement du lieutenant Julien.
« A neuf heures et demie, la gendarmerie est infor-
« mée que des manifestants s'opposent par la force à
« l'entrée des ouvriers de l'usine la Sans-Pareille.
« Deux gendarmes à pied, arrivés les premiers, sai-
« sissent un individu barrant la porte aux ouvriers
« se présentant au travail ; ils sont cernés par la
« foule qui s'accroît de seconde en seconde. Le lieu-
« tenant arrive avec ses cavaliers ; ils sont assaillis à
« coups de pierres que les manifestants avaient dans
« leurs poches, puisqu'il n'en existe pas sur le che-
« min. Le lieutenant est blessé à la tête, le gen-
« darme Palain à la gorge. Ils restent maîtres du
« prisonnier, font encore deux ou trois arrestations,

« A la nouvelle de ce commencement de désordre
« le sous-préfet, le procureur de la République, se
« rendent sur les lieux. Trois nouvelles compagnies
« d'infanterie arrivent. Les manifestants qui le matin
« ont été repoussés et ont vu emmener quelques-uns
« d'entre eux, paraissent avoir juré de les délivrer ;
« ils se montrent de plus en plus violents, injurient la
« troupe qui ne répond rien. Vers cinq heures et demie
« une masse évaluée à 1.500 individus débouche
« d'une rue voisine sur la place de la Mairie, et lance
« sur le poste qui la protège une grêle de pierres
« dont plusieurs de la grosseur d'une demi-brique.
« La troupe reste l'arme au pied, sans riposter. La
« gendarmerie se présente. Elle est assaillie à son
« tour. Le maréchal des logis Leriche a une côte
« cassée d'un coup de gros caillou. Des renforts d'in-
« fanterie et de gendarmerie parviennent à déblayer
« la place. La foule se retire un instant. L'infanterie est
« rangée en ligne aux abords de la place. Une com-
« pagnie en carré est en réserve au milieu. La gen-
« darmerie est derrière. La foule revient bientôt
« plus nombreuse, 2.500 à 3.000 environ, armés de
« gourdins, les femmes portant des pierres dans des
« paniers en criant : — « C'est du sang qu'il nous
« faut! » — En tête, un manifestant tient un dra-
« peau. Une fille âgée de dix-sept ans agite un arbuste
« dit « arbre de mai » garni d'une étoffe rouge, criant et
« vociférant. Une grêle de pierres fond sur la troupe.
« Ces hommes approchent des soldats en faisant
« le moulinet, et tentent de les désarmer. Ils s'ap-
« prochent de plus en plus, et les serrent de si près
« que le lieutenant Colsenet, du 145e, peut en appré-
« hender un, ce qui témoigne de la patience et de

dispositions de l'armée accomplissant jusqu'à l'extrême limite son rôle préventif. Le lieutenant est empoigné, terrassé, entraîné ; un gendarme, un agent de police et un sergent se précipitent sur les assaillants pour dégager l'officier. La pluie de pierres continue. Deux soldats tombent, dont l'un reçoit à la tête une blessure d'où le sang coule abondamment, et la foule va forcer la troupe. Le commandant lui fait sommation de se retirer : il n'est pas écouté...

« C'est alors qu'il prononce le commandement : Feu! » On tire en l'air. A ce moment, une foule moins surexcitée se serait arrêtée ; mais elle était affolée, inconsciente et pénétrée de l'idée, répandue dans les réunions publiques, par ses meneurs, que l'armée n'était pas à craindre, qu'elle ne tirerait jamais à balles. Elle continue à attaquer ; les fusils s'abaissent, on sait le reste.

« Il est maintenant possible d'affirmer que la troupe a eu à essuyer quelques coups de feu de la part des manifestants. Deux individus, dans la foule, portent des blessures qui ne peuvent pas avoir été faites par des armes militaires. L'un d'eux, qui tournait le dos à la troupe, cherchant à gagner une rue voisine, a été atteint à la partie interne de la jambe gauche, d'une série de petites blessures, provenant d'une arme chargée de petit plomb ou de petite mitraille. Un fragment m'en a été remis par le médecin qui le soigne.

« On évalue à soixante le nombre des balles tirées par la troupe, dont le plus grand nombre tirées en l'air. Sans cette précaution et à si faible distance le feu eût été plus meurtrier, surtout si l'on tient

« compte que, suivant constatations faites, de...
« balles seulement ont fait cinq victimes. La fou...
« s'est enfuie dès qu'elle a vu tomber les premier...
« victimes. Le tout a duré quelques secondes. »

« La gendarmerie locale a pu distinguer dans l...
« foule toute la clientèle ordinaire de contreb...
« diers et de gens sans aveu qu'on peut évaluer...
« cinq ou six cents à Fourmies, parmi lesquels pl...
« d'un quart d'étrangers.

« De ce récit, qui n'est qu'une succession de faits, d...
« tous les comptes rendus publiés par les journa...
« de la région, et que je vous ai transmis, de l'in...
« formation sur place et de tous les renseigneme...
« recueillis, il ressort jusqu'à l'évidence la preuv...
« que, toute la journée, la force publique et l'arme...
« ont eu à subir les injures, provocations et agressio...
« de plus en plus violentes de la foule, et que ce n'e...
« qu'à la dernière extrémité et sous l'impression du...
« danger, qu'il n'était plus en leur pouvoir de con...
« jurer autrement, qu'elles ont dû recourir à la for...
« des armes.

« L'armée, avant le premier coup de feu, comptai...
« comme blessés deux officiers, un maréchal des log...
« atteint grièvement, deux soldats du 145e de ligne...
« dont un grièvement, deux gendarmes et un gran...
« nombre d'hommes plus ou moins contusionnés.

Rectifions les inexactitudes et les erreurs
de ce rapport incomplet.

1° C'est le jeudi, 30 avril, et non le vendredi,
1er mai, que les premières troupes (du 84e de
ligne) sont arrivées à Fourmies.

2° Une partie de la gendarmerie envoyée à Fourmies avait été distraite de sa destination et retenue à Sains-du-Nord.

3" C'est, nous le répétons, dans la bagarre de 3 heures et demie que le maréchal des logis Leriche a eu *trois* côtes enfoncées. Malgré ses blessures, le brave soldat est revenu sur la place : il a été une seconde fois victime de la fureur des émeutiers en essayant de dégager le lieutenant Colsenet.

4° Plusieurs des manifestants étaient probablement armés de revolvers ou de pistolets, mais il n'est pas prouvé qu'ils aient fait feu sur les gendarmes ou sur les soldats (1). On sait aujourd'hui que les petites blessures constatées, comme le dit le préfet, sur la jambe gauche d'un individu *qui tournait le dos à la troupe et cherchait à gagner une rue voisine*, ont été faites par les éclats d'une balle *fragmentée*.

Ce qui était incontestable, c'est qu'une partie de la population ouvrière de Fourmies avait subi de funestes influences. Égarée par les meneurs révolutionnaires, elle n'avait pas vu que ces dangereux excitateurs tendaient

1. Cependant un pistolet *récemment déchargé* a été trouvé, après la collision, dans la cour d'une maison de la rue des Eliets

un piège à sa crédulité, et qu'en organisant la manifestation du 1er mai, ils cherchaient surtout à grossir leurs troupes, encore peu nombreuses, d'une foule d'honnêtes travailleurs. Elle ne comprenait pas que, pour entraîner les masses hésitantes, ils voulaient faire parade des forces ainsi rassemblées et amalgamées.

Quelques centaines d'ouvriers lainiers étaient fanatisés. Non seulement ils ne se rendaient pas compte de ce qu'il y avait d'illogique à célébrer la fête du travail en ne travaillant pas et en empêchant les camarades de travailler, mais ils arrivaient à croire que ce jour de chômage serait le commencement d'une ère nouvelle, ère de bouleversement social. Les lois existantes ne les atteindraient plus : ils auraient désormais tous les droits, ou du moins toutes les immunités. Les organisateurs des manifestations ne cessaient de leur répéter qu'ils seraient maîtres de la rue, que les agents de l'autorité — autorité déchue! — ne pourraient rien contre eux, que les troupes ne tireraient pas, que les soldats mettraient la crosse en l'air, que les dragons danseraient avec les frères et amis.

Le ministre de l'Intérieur n'avait donc que trop raison, lorsqu'il disait à la Chambre :

« La population de Fourmies était laborieuse et
« sage ; mais elle a eu la mauvaise fortune d'être tra-
« vaillée par quelques perturbateurs. Depuis long-
« temps, dans cette petite ville, les excitations les
« plus violentes étaient adressées aux ouvriers. On leur
« avait persuadé qu'ils pouvaient, sans péril, forcer
« les rangs de la troupe. D'ailleurs on leur avait affir-
« mé de la façon la plus nette que la troupe n'était
« pas armée, qu'elle ne tirerait point, qu'on savait de
« source sûre que les fusils n'étaient chargés que de
« cartouches à blanc ; on répétait que les soldats
« l'avaient dit ! »

Il avait également raison d'ajouter, en ter-
minant le rapport d'ensemble sur les événements du 1ᵉʳ mai :

« Des hommes dont on n'a pas encore parlé ont été
« blessés et mis en danger de mort en accomplissant
« leur devoir ; pas un mot n'a été encore dit en leur
« faveur ! (*Vifs applaudissements à gauche et au centre.*
« M. *Delcassé* : « Ils ne comptent pas, pour la droite,
« les soldats français ! (*Rumeurs à droite.*)
« *Le Ministre* : « A Paris, quatre gardiens de la
« paix ont reçu des **coups** de feu ; ils n'ont pas ri-
« posté. Des gendarmes de la Seine ont essuyé six
« coups de revolver tirés sur eux, l'arme appuyée
« sur le bras gauche pour viser plus sûrement. Ils
« ont été blessés sans user à leur tour de leurs armes ;

« personne n'en a dit un mot. (*Nouveaux applau-*
« *dissements.*)

« Je continue. A Lyon, deux cuirassiers atteints
« par des balles et six soldats blessés.

« A Marseille, un soldat blessé.

« A Fourmies, enfin, dans ces graves événements
« que je déplore autant que vous, quatorze soldats
« blessés, dont plusieurs grièvement !

« Et puisque j'en ai l'occasion, je tiens à envoyer
« mes remerciements à tous ces braves gens (*Très*
« *bien à gauche*), et je les leur envoie de grand cœur.

« Et bien qu'il ne m'appartienne pas, à moi, ministre
« de l'Intérieur, de m'adresser à l'armée, on me per-
« mettra d'envoyer, du haut de cette tribune, à l'of-
« ficier qui a été assez malheureux pour se trouver
« dans la triste nécessité d'obéir à un impérieux de-
« voir, le témoignage de ma sympathie et de mon
« profond respect. (*Applaudissements répétés sur un*
« *grand nombre de bancs. — Protestations à l'extrême*
« *gauche.*)

« M. *Ernest Roche* (*se levant*): « Assassin ! Assassin ! »
(*Longue rumeur.*)

V

UNE PROPOSITION D'ENQUÊTE.

La fin de cette tumultueuse séance pourrait se résumer ainsi :

« Censure avec exclusion temporaire, appliquée à M. Ernest Roche. — Discours de MM. Millerand, Lavy, Maujan, Albert de Mun, Camille Pelletan, Boissy-d'Anglas. — Demande d'enquête parlementaire par M. Millerand. — Proposition d'amnistie par M. Camille Pelletan). — Déclarations de M. de Freycinet. — L'enquête repoussée par 368 voix contre 172. — Adoption, par 371 voix contre 48, de l'ordre du jour de M. Maujan :

« La Chambre profondément émue des malheurs de Fourmies, unissant dans ses patriotiques préoc-

« cupations et dans ses ardentes sympathies, les tra-
« vailleurs de France et l'armée nationale, et résolu
« à faire aboutir pacifiquement les réformes sociales.
« passe à l'ordre du jour. »

Un auditeur impartial a jugé d'un mot les discours prononcés dans cette dernière partie de la séance: *Ils ont tous été à côté !*

Pouvait-il en être autrement ? La lumière n'était pas encore faite, et personne ne parlait en pleine connaissance de cause. Sur un grand nombre de points, l'incertitude était telle que le long et pénible débat ne semblait pas pouvoir aboutir. Au lieu de chercher à dégager la vérité d'une discussion si confuse. chaque orateur apportait les passions. les récriminations et les théories de son parti. M. Millerand parlait au nom de cette fraction de l'ancien groupe d'extrême gauche qui essaie maintenant d'une nouvelle évolution, et qui, pour ressaisir l'influence qu'elle a perdue. cherche à prendre la direction du mouvement socialiste. Son discours, avec quelques réserves plus ou moins habiles en faveur du président du Conseil. était un réquisitoire contre le Gouvernement qui. disait-il, « avait
« substitué la politique de répression pré-

« ventive à la politique d'observation et de
« répression après le délit commis » ; et dans
ce réquisitoire on retrouvait les injustes accusations
formulées par M. Ernest Roche contre
les autorités militaires, contre les fonctionnaires civils, contre les industriels et la muni
cipalité de Fourmies.

Nous devons reconnaître que, depuis cette
séance du 4 mai, où tout son talent de parole
ne réussit pas à déguiser son ignorance des
faits et son parti pris d'opposition, M. Millerand n'a pas varié. Aux assises de Douai, où
il a plaidé pour M. Lafargue, il a apporté le
même bagage d'erreurs qu'à la tribune du
Palais-Bourbon. Comme l'avocat primesautier
qui prétend embrasser d'un coup d'œil l'ensemble d'une cause, il s'est dit aussitôt : « mon
siège est fait » ; et il est arrivé au banc de la
défense, persuadé que seul il connaissait le
fond et *les dessous* de l'affaire, que seul il
était capable de déterminer les responsabilités, que son opinion était la seule raison-
nable, son jugement le seul droit, et que les
débats n'y changeraient rien !

Même après ces débats, si instructifs pourtant, il n'a pas voulu voir l'évidence. Les

articles de récrimination qu'il a publiés dans
plusieurs journaux, contrairement aux usages
des maîtres du barreau, prouvent que, des
interrogatoires et des témoignages, il n'a retenu que ce qui pouvait être favorable à son
argumentation. Dans ces articles on relèverait
presque autant d'erreurs que dans son discours à la Chambre. Depuis le 4 mai, où il
savait si peu de chose sur les événements de
Fourmies, il semble n'avoir plus rien appris.

On se demande s'il n'a pas voulu démontrer
ainsi que la Chambre avait eu tort de ne pas
voter l'enquête parlementaire qu'il réclamait,
et qui seule, prétendait-il, pouvait faire « la
lumière complète ».

M. Lavy remplaçait M. Millerand à la tribune. Il repoussait l'enquête parlementaire.
« Elle est faite dès à présent, l'enquête, disait-
« il. Avec celle qu'on vous propose, que sau-
« rez-vous ? Il n'y a pas de doute possible, la
« responsabilité incombe au gouvernement. »

M. Eliez-Evrard, député d'Avesnes, n'était
pas mieux renseigné sur les événements de
Fourmies que les orateurs précédents, puisqu'il affirmait « qu'il y avait treize morts ».
Il formulait une proposition d'enquête à peu

près semblable à celle de M. Millerand.

M. Maujan croyait, comme M. Lavy, que les responsabilités étaient déjà établies. Il accusait les industriels de Fourmies d'avoir déclaré, dans une adresse collective, « que les ouvriers « qui prendraient part à la fête du travail « seraient renvoyés, le lendemain, de l'usine. » Il reprochait à l'autorité locale « de ne pas « avoir eu l'esprit de conciliation voulu ». Sur les deux points il se trompait.

Dans l'adresse des industriels on ne trouvera rien qui ressemble à une menace de renvoi contre les ouvriers résolus à fêter le 1ᵉʳ mai. Il n'y est même pas fait allusion à la question de chômage.

Quant à l'autorité locale, le reproche qu'on pourrait lui faire serait précisément de ne pas avoir eu « l'esprit de décision », de ne pas avoir interdit et empêché les manifestations sur la voie publique, dès que ces manifestations avaient paru dangereuses, c'est-à-dire dès la première heure. En laissant pleine liberté aux délégations des établissements pour apporter à la mairie leurs réclamations verbales ou écrites, elle aurait dû faire appliquer la loi contre les attroupements

et exécuter les instructions du ministre de
l'Intérieur. Mais il ne faut pas oublier que ces
instructions, adressées aux préfets et sous-pré-
fets, n'avaient pas été transmises aux mairies
de Fourmies et Wignehies.

M. Maujan voyait cependant d'autres responsabilités que celles des patrons et de l'autorité locale. Nous n'en voulons pour preuve
que le passage de son discours où il flétrissait
la lâcheté des excitateurs, si prompts à se déro-
ber lorsque la situation devient périlleuse.
Après avoir affirmé sa foi dans les institutions
républicaines qui nous ont donné les libertés
politiques et qui nous donneront enfin les
libertés économiques, il disait :

> « Si l'on a d'autres idées, on n'a qu'une chose à
> « faire : on descend dans la rue, on se met à la tête
> « des révoltés, au lieu de leur offrir simplement des
> « excitations et des phrases, et l'on fait comme les
> « grands révolutionnaires, on paye de sa personne et
> « de sa vie. » *(Applaudissements à gauche.)*

Il terminait son discours en proposant
l'ordre du jour dont nous avons donné le texte.

M. le comte Albert de Mun n'avait qu'une
connaissance insuffisante des faits. Sur plusieurs points importants, et même sur la con-

duite si digne d'éloges du curé de Fourmies, il était mal renseigné. Avant d'avoir pu recueillir des informations exactes, il faisait le procès du gouvernement, de ses fonctionnaires, de l'autorité municipale. Sa préoccupation, trop visible, était d'assurer le succès de ses théories personnelles sur le socialisme chrétien, les associations professionnelles, le rétablissement des corporations. Elle l'aveuglait à ce point, lui, ancien officier, qu'il croyait l'armée, « hors de cause », dans l'enquête parlementaire proposée par M. Millerand. Il se déclarait prêt à la voter, cette enquête, comme MM. Clémenceau et Camille Pelletan.

Une sévère leçon lui fut donnée par un royaliste dont le grand caractère inspire à toutes les fractions de la Chambre le respect et la sympathie. M. Cazenove de Pradine fit la déclaration suivante, au nom d'un certain nombre de ses amis :

« Je ne voterai pas l'enquête, et je vais dire pourquoi. Je n'admets pas que la conduite de l'armée soit soumise à une enquête. Cette conduite a été irréprochable. L'armée a rempli son devoir dans toute sa plénitude et dans toute son amertume. On a dit tout à l'heure que l'armée était hors de cause. Je trouve que ce témoignage est insuffisant ; elle n'a

« pas besoin de cette parole quelque peu dédai-
« gneuse. Je vous demande hautement de rendre hom-
« mage à ses chefs et à ses soldats au nom du pays.
« Elle n'a pas reculé devant la responsabilité du
« devoir le plus rigoureux. Ne déclinez pas davan
« tage la responsabilité de l'approbation qui lui est
« due. En agissant ainsi vous ferez acte de justice, et
« laissez-moi ajouter acte de prévoyance. » *(Très
bien sur divers bancs.)*

Le gouvernement repoussait la proposition
Millerand, et M. de Freycinet avait dit :

« Malgré vous, quelle que soit votre résolution de
« laisser l'armée en dehors de ces questions, le jour
« où vous aurez décidé une enquête, à la suite des
« événements dont il vient d'être parlé, l'armée se
« considérera comme englobée dans cette enquête. »

Nous regrettons qu'il n'ait pas saisi cette
occasion de déclarer, nettement, énergiquement, que rien ne lui paraissait plus absurde
qu'une enquête faite dans ces conditions.

Une enquête, entreprise par une commission
de députés sur des faits qui relèvent directe-
ment du procureur général et du juge d'instruction, est absurde, parce qu'elle entraîne
inévitablement la confusion des pouvoirs et
que, le plus souvent, elle met ces pouvoirs en
opposition, en conflit.

L'action du Parlement ne doit et ne peut, que dans des circonstances prévues par la loi constitutionnelle, se substituer à l'action de la justice.

Admettons cependant que l'action de la justice soit suspendue tandis que s'exercera l'action du Parlement. L'enquête finie, il faudra une sanction. Ce sera la justice qui devra prononcer en dernier ressort. Ou elle se tiendra pour obligée de formuler un arrêt conforme aux conclusions de l'enquête, et alors elle ne sera plus la justice équitable, parce qu'il n'y a pas d'équité sans liberté; ou, dans sa pleine indépendance, elle rendra un arrêt contraire aux conclusions de l'enquête, et alors il y aura conflit entre les deux pouvoirs.

Si l'enquête parlementaire et l'instruction judiciaire sont parallèles, il se présentera un grand nombre de cas où elles aboutiront à des résultats diamétralement opposés. Comment finira le conflit, et quel sera le juge suprême?

Ajoutons que l'enquête parlementaire n'offre pas de véritables garanties d'impartialité. Les membres de la commission sont nommés après une discussion plus ou moins orageuse et sous l'influence d'une émotion plus ou moins vive.

Même lorsque l'élection dans les bureaux est reculée de quelques jours, cette influence se fait encore sentir. La majorité est fatalement l'expression d'une opinion préconçue et d'une passion dominante: elle commencera son enquête avec des partis pris dont il lui sera presque impossible de se dégager.

Il faut donc reconnaître qu'en repoussant la proposition de M. Millerand la Chambre a fait acte de sagesse.

L'instruction judiciaire a suivi son cours : deux des excitateurs ont comparu devant la cour d'assises du Nord. Les débats de Douai ont fait, sur les événements de Fourmies, beaucoup plus de lumière que les discours de MM. Dumay, Ernest Roche et Millerand.

Beaucoup plus, mais pas assez.

VI

LE PROCÈS DE DOUAI ET L'ENQUÊTE DÉFINITIVE

Nous avons assisté à toutes les audiences du procès de Douai ; nous avons suivi les débats, jusqu'à la dernière minute, avec la plus grande attention. Le compte rendu que nous en publions à la fin de ce volume est, de l'aveu des jurés, des magistrats, des témoins, le plus complet et le plus exact. On peut dire que la reproduction des interrogatoires et des dépositions est d'une exactitude sténographique. Le moindre incident est noté, avec son caractère particulier et sa véritable physionomie.

La publication de ce document devrait suffire à faire justice des récriminations si sou-

vent formulées, dans les réunions publiques
et dans la presse socialiste, contre le verdict
du jury et contre l'arrêt de la Cour. Mais si la
lecture des interrogatoires et des témoignages
ne dissipait pas les suspicions que les con-
damnés et leurs partisans s'efforcent d'entretenir, nous ferions appel à tous les personnages du monde judiciaire, à tous les avocats.
à tous les journalistes qui ont assisté aux
audiences. Ils reconnaîtraient comme nous
que les débats ont été dirigés avec la préoccupation constante de laisser à la défense la
plus large liberté d'action. Le président a sans
cesse fait preuve, non seulement d'impartialité et de tact, mais encore de bienveillance :
les accusés et leurs défenseurs ont dû plusieurs fois rendre hommage à sa courtoisie.

L'acte d'accusation était un simple exposé
des faits principaux ; on lui reprochait « de
manquer de mouvement et de couleur ». Le
procureur général avait pour la défense les
mêmes égards que le président ; sa modération
a été très remarquée ; son réquisitoire, sobre
et court, ne visait, en aucune de ses parties.
à ces grands effets qui impressionnent le jury
et l'auditoire.

Le jury n'a subi aucune pression, et s'est prononcé dans la plénitude de son indépendance. Rien ne serait plus injuste que d'incriminer après coup ses tendances politiques. Il représentait l'opinion moyenne des hommes d'ordre, et nous n'aurions qu'à en publier la liste pour établir que la défense n'en pouvait rencontrer un qui fût moins suspect d'attaches gouvernementales. Sa composition, — MM. Millerand et Tardif n'ont pu oublier ce point important, — présentait de telles garanties d'impartialité que, d'un commun accord, le procureur général et les défenseurs renoncèrent à exercer leur droit de récusation.

Si quelqu'un, dans ces débats, n'a pas su résister aux entraînements de la passion politique, ce n'est ni le président, ni le magistrat justement estimé qui occupait le siège du ministère public. C'est plutôt la défense, qui parfois a manqué de correction. Les avocats abusent trop souvent des immunités qu'ils tiennent de la loi et de la coutume. M. Millerand, sans risques ni périls, accusait de servilité les témoins qui avaient assisté aux conférences de M. Lafargue. Parce que ces témoins étaient appelés à déposer sur les mêmes faits, parce qu'ils déclaraient avoir entendu les mêmes propos, l'avocat député les accablait de se lourdes railleries.

Un incident encore plus pénible se produisait vers la fin de la première audience. Le commandant Chapus venait de terminer sa déposition : il avait achevé le récit du terrible conflit, et il était aux prises avec les deux avocats parisiens qui lui posaient des questions insidieuses. Mᵉ Tardif, poussant à fond le plus déplorable système de discussion, demandait à ce brave et malheureux officier, s'il n'aurait pas pu reculer devant les émeutiers ; il disait à ce vieux soldat si douloureusement ému : *Y avait-il de l'espace libre derrière vous ?...*

Quant à l'indépendance des témoins, si elle avait reçu quelque atteinte, ce ne serait pas du fait de l'accusation. Nous affirmons au contraire avoir vu, à plusieurs reprises, des personnalités socialistes dont les rapports avec la défense n'avaient rien de mystérieux, haranguer et endoctriner, devant la porte du Palais de justice, des ouvriers appelés en témoignage.

Le jury a prononcé un verdict de culpabilité contre les deux accusés. En conséquence, M. Lafargue a été condamné à un an de prison et 100 francs d'amende, *pour excitation au meurtre par paroles* : M. Culine à six années de réclusion et dix ans d'interdiction de séjour, *pour provocation à une manifestation armée*.

La différence des chefs d'accusation explique jusqu'à un certain point la disparité de traitement qui a étonné une partie du public des assises.

M. Culine avait subi une détention préventive de six semaines ; M. Lafargue, tardivement impliqué dans la poursuite, avait été laissé libre.

M. Culine était assis sur le banc des accusés entre deux gendarmes, derrière la balustrade. M. Lafargue, souriant, causant avec ses amis, avait pris place au banc des avocats : pendant les suspensions d'audience, il allait fumer sa cigarette dans la cour du palais. On le traitait avec des ménagements qui ne sont pas toujours accordés à d'honorables publicistes, dans les procès de presse.

Après sa condamnation, il était libre, jusqu'au moment où la Cour de cassation aurait statué sur son pourvoi. Le lundi 6 juillet, on le voyait, à la gare de Douai, s'entretenant gaîment avec MM. Cartegnie et Jules Guesde, achetant les journaux qui arrivaient de Paris, et lisant de très joyeuse humeur quelques passages des articles relatifs *à son affaire*. Jamais la presse ne s'était occupée de lui comme à ce moment. On écrivait déjà : « Avant la fin de « son année, nous le verrons député, au lieu « et place du pauvre Culine, qui croyait « pourtant avoir des chances! »

Dans l'après-midi de ce même jour, il revenait à Fourmies et Wignehies, et aucune entrave n'était apportée aux conférences qu'il faisait *sur le procès de Douai*.

Après le rejet de son pourvoi, il dut se constituer prisonnier. On lui donna à Sainte-Pélagie une des meilleures chambres du pavillon spécial, et il y jouit de toutes les faveurs accordées aux journalistes particulièrement recommandés à la bienveillance de l'administration. Ce fut là qu'on vint lui offrir la candidature à la députation pour une circonscription de Lille.

Cette élection *de protestation*, au succès de laquelle M. Millerand a si activement travaillé, n'infirme ni le verdict de culpabilité formulé par le jury du Nord, ni l'arrêt rendu en conséquence de ce verdict. Elle prouve seulement que les *protestataires*, les électeurs qui ont voté pour M. Lafargue, ne se sont pas prononcés en connaissance de cause. A Lille, comme presque partout, une grande partie de la population ignore encore la vérité sur les événements de Fourmies; elle ne sait que ce que lui ont dit les conférenciers et les écrivains qui, dans l'intérêt de leur parti, ont systématiquement travesti les faits.

Les débats du procès de Douai auraient dû l'éclairer; mais le compte rendu de ces débats n'a pas reçu une publicité suffisante. La plupart des journaux représentés aux assises ont été contraints, *pour arriver à temps*, de ne donner qu'un résumé télégraphique. D'autres, abusant de l'extrème indulgence de la loi de 1882 pour le *compte rendu infidèle*, ont reproduit les interrogatoires, les témoignages, les incidents, inéxactement et avec la préoccupation évidente d'égarer l'opinion. Nous en conservons quelques-uns, où ce parti pris de mauvaise foi s'étale avec une incroyable impudence.

D'ailleurs, nous le répétons, les débats n'ont pas fait assez de lumière. Beaucoup de points importants sont restés dans l'ombre. L'instruction elle-même n'a pas été complète et la justice n'a pas eu, à cette époque, les éléments d'information qu'elle aurait aujourd'hui. Des faits d'une incontestable gravité ont passé inaperçus. Celui que nous allons citer, par exemple, aurait dû être l'objet d'une discussion approfondie.

L'incident dit *de la crosse en l'air*, qui s'est produit dans les conférences de M. Lafargue a eu de terribles conséquences. Jusqu'à la dernière minute, les émeutiers de Fourmies, se fiant aux assurances qu'on leur en avait données, ont cru que la troupe ne tirerait pas ou qu'elle tirerait à blanc.

M. Lafargue a nié les propos qui lui étaient attribués et ses défenseurs ont contesté la sincérité des témoins qui sont venus les rapporter à l'audience. « A l'appui de ces racontars, « ont-ils dit, on ne produit aucun document « écrit, aucun compte rendu, aucun procès- « verbal. Les témoins débitent une leçon bien « apprise. »

Or les documents existent. Les comptes rendus, conformes presque en tous points aux rapports du commissaire de police qui assislait aux « conférences », ont été publiés dans des journaux socialistes de la région: ces comptes rendus, M. Lafargue les avait lus et il n'en avait pas demandé la rectification. Fait plus grave encore, les journaux qui les publiaient recevaient les communications de M. Culine, l'organisateur des conférences. M. Culine était le collaborateur assidu de ces journaux: il l'a déclaré *cinq fois* dans son interrogatoire. C'est dans une feuille locale, dont il était *le reporter*, que nous trouvons l'incident *de la crosse en l'air* et les paroles de M. Lafargue.

Dans la suite de l'étude que nous avons entreprise, nous ferons la lumière sur cet incident et sur beaucoup d'autres. Nous nous étions proposé de démontrer d'abord que la vérité n'était pas connue: la démonstration est complète.

Devons-nous encore nous imposer la tâche de rectifier les erreurs du livre bizarre récemment publié par M. Edouard Drumont? Dans le récit du « fougueux écrivain » rien, absolument rien ne supporterait l'examen. Est-ce donc un absurde roman? Pas même cela. Nous avons entendu dire: « Ce sont les divagations d'un halluciné. » Un cas pathologique, alors? Peut-être.

M. Drumont a eu, avec sa *France Juive*, un succès retentissant. Ses ennemis vont dire qu'il continue « d'exploiter la veine ». Ils ne voudront voir là qu'une affaire d'argent, une spéculation scandaleuse. Les premières lignes de l'ouvrage semblent leur donner raison : les voici :

> Le présent volume est à mes yeux comme l'indispensable complément de mes travaux antérieurs, — un chapitre nécessaire qui manquait à mes livres, et qui vient tout naturellement s'y ajouter.

Cela rappelle évidemment les réclames des éditeurs de livraisons illustrées pour la *Suite de Rocambole*. Mais nous croyons, malgré tout, à l'honnêteté de M. Drumont. Cet antisémite est un monomane. Dans le drame de Fourmies, il a vu un juif, le sous-préfet Isaac, et, sur le carcan qu'il lui a passé au cou, il a gravé ces mots : « Soyez à jamais « maudits, toi, ton père, ta mère, tes oncles, « toute la famille ! »

Lorsqu'il est parti pour Fourmies, son siège était fait. Son enquête a été rapidement me-

née. Nous qui, depuis quinze ans, sommes attaché au pays par tant de relations affectueuses, nous avons mis plus de huit mois à rechercher la vérité. Quelques jours, sinon quelques heures, ont suffi à M. Drumont. Il a interrogé, en courant, un certain nombre de Fourmisiens, et plusieurs personnes qu'il a ainsi « interviewées » nous ont dit : « On sen-
« tait qu'il avait une idée fixe, il cherchait à
« nous faire parler *à sa mode*; il nous mettait
« dans la bouche ce qu'il voulait se faire
« dire. » Encore a-t-il altéré ou travesti la plupart de ces « récits suggérés ». Aussi, de tous côtés, lui adresse-t-on protestations et démentis.

Cet *enquêteur* singulièrement expéditif prétend qu'il a voulu tout voir. Il a vu, en effet, le *Tombeau des Lapins*, et il y a trouvé des demoiselles légères; il a remarqué, en passant, l'enseigne du cabaret de *la Belle Devise*; il a bu des chopes, en prenant des notes, dans les estaminets de la Place; puis il est rentré à son hôtel, « où il a mangé, dit-il, une
« soupe verte qui lui a fait mal au ventre,
« et un perdreau qui était coriace. »

Dans son récit du 1er mai, tout est empor-

tement désordonné. Des causes des événements et des véritables responsabilités, il
ne sait rien et ne veut rien savoir. Le Juif est
là. c'est assez ! « S'il ne s'était pas trouvé là
« un Juif pour organiser dans l'ombre l'as-
« sassinat des Français par des Français, tout
« se serait réduit à quelques rixes et à un
« échange de mots désagréables. »

Nous allons voir par les premières lignes
de son récit avec quelle inexactitude il rapporte les faits.

*Dès le matin du 1ᵉʳ mai, des collisions s'en-
gagèrent à la porte des usines, entre les ouvriers
qui voulaient chômer.*

C'est INEXACT. Les violences que la gendarmerie dut réprimer vinrent uniquement
d'une minorité turbulente, qui prétendait imposer le chômage général.

*Les gendarmes, qu'on avait fait venir pendant
la nuit, chargèrent assez brutalement les manifestants.*

C'est FAUX. Les gendarmes à cheval étaient
arrivés la veille. Ils ne furent appelés par le
téléphone, et n'accoururent de la mairie
qu'après neuf heures et demie, lorsque les
gendarmes à pied qui protégeaient la rentrée

à la Sans-Pareille eurent été insultés et assaillis.

Des arrestations furent opérées, et les prisonniers conduits à la mairie. La foule envoya des délégués pour les réclamer. Culine fut repoussé parce qu'il n'était pas ouvrier lainier.

Autres ERREURS. Les délégués qui vinrent à la mairie, le matin, avec Culine, étaient chargés de présenter les revendications de leur établissement, et non de réclamer les prisonniers.

A 2 heures et demie, le 145ᵉ de ligne fit évacuer la place de la mairie, sans rencontrer la moindre résistance.

Autres INEXACTITUDES. A 2 heures et demie, les trois compagnies du 145ᵉ n'étaient pas encore arrivées de Maubeuge. Elles ne purent prendre position sur la place que vers 4 heures, et cette place ne fut réellement déblayée que par la charge de gendarmerie.

Le reste du récit ne mérite pas plus de confiance. Les jugements sont très souvent faux, et parfois odieusement passionnés. Le commandant Chapus, nous en sommes certains, a refusé de répondre aux demandes *d'interview* de M. Drumont. Fidèle observateur de la discipline militaire, il s'est tu, malgré les sollicitations réitérées, et peut-être malgré les menaces. M. Drumont n'a pas voulu comprendre les motifs, si honorables pourtant, de cette réserve obstinée. Il a accablé d'injustes accusations le malheureux officier, il lui a fait un crime monstrueux du silence que lui imposaient les règlements !

S'il lui accorde des *circonstances atténuantes*, c'est, dit-il, parce que le commandant Chapus, dans certains conciliabules, a été *circonvenu, magnétisé, ensorcelé* par le juif Isaac, *qui peut-être lui a montré un faux ordre du ministre de la guerre*.

C'est le comble de l'absurde. Au moment où le commandant Chapus prenait position sur la place, le sous-préfet était parti pour Wignehies, dans la voiture du maire, avec le procureur de la république. Lorsque M. Isaac et M. Le François revinrent, vers 5 heures, ils passèrent sous une grêle de pierres et, sans pouvoir conférer avec le commandant Chapus, rentrèrent aussitôt à la mairie. Enfin ce fut avec le commandant Cacarrié, du 84e de ligne, le premier arrivé et le plus ancien en grade, que le sous-préfet conféra sur les dispositions à prendre contre l'émeute.

Si le commandant Chapus ne reçoit pas de ses chefs l'autorisation de parler, nous parlerons pour lui. Nous dégagerons sa conduite de toute équivoque; nous prouverons *qu'après toutes les sommations possibles*, il a été obligé d'ordonner le feu, non seulement pour empêcher les émeutiers d'envelopper et de désarmer ses trente soldats, mais encore pour éviter une épouvantable catastrophe. Nous rendrons pleine justice à ces braves gens du 145e qui, de l'aveu même de leurs agresseurs, ont été admirables de patience et de discipline !

Il nous faut maintenant rétablir les faits dans toute leur exactitude. Des hommes de désordre, des politiciens avides, guidés par des intérêts de parti, ou par des ambitions personnelles, ont pris à tâche d'entretenir l'agitation, de raviver sans cesse les haines, de rouvrir des blessures mal cicatrisées. Il est temps de mettre fin à cette scandaleuse exploitation de l'erreur et du mensonge.

L'enquête que nous avons poursuivie pendant plus de huit mois nous paraît achevée. Aux nombreux témoignages verbaux que nous avons recueillis s'ajoutent des documents, imprimés ou manuscrits, dont il est inutile de faire ressortir l'importance. Nous avons eu sous les yeux les originaux de toutes ces pièces et nous en conservons les copies dans notre dossier. Dire la vérité, toute la vérité, avec la préoccupation constante de suivre l'enchaînement logique des faits, de découvrir les causes et de déterminer les responsabilités, tel est le devoir que nous nous sommes imposé. C'est le meilleur moyen de travailler à l'apaisement que désirent tous les vrais patriotes.

Nos sympathies pour la population fourmisienne sont depuis longtemps connues. Nous avons à cœur de prouver que la grande majorité de cette population a été étrangère aux désordres qu'il a fallu réprimer. Notre étude fera comprendre comment un certain nombre d'ouvriers, paisibles jusqu'alors, ont été égarés, exaspérés, affolés. Elle dévoilera les manœuvres des lâches excitateurs qui les ont abandonnés au moment du péril.

VII

FOURMIES AUTREFOIS ET AUJOURD'HUI

Au commencement de ce siècle, Fourmies était un village *pastoral et forestier*. La principale agglomération était groupée au pied de la colline du Fief, sur la rive gauche de la Petite-Helpe, — un ruisseau. Les maisons des *courts*, éparses dans les pâtures, et toutes entourées de vergers, n'avaient d'autres ressources que les produits de l'élevage, de la laiterie, des arbres à fruits. La viabilité était encore en cet état rudimentaire dont le « vieux chemin de Wignehies » peut donner une idée, et les communications avec les bourgs voisins devaient être peu faciles. Les grandes industries semblaient ne pouvoir jamais pénétrer dans cette région pour ainsi dire mystérieuse, dans cette sinueuse vallée, enveloppée de forêts.

On entendait ça et là le tic tac d'un métier à bas : un fourneau fumait au bord d'un étang, une ancienne verrerie [1] travaillait sur la lisière des bois de Monplaisir.

D'après les statistiques officielles, dans la seconde moitié du siècle dernier, Fourmies avait des retorderies de lin *au fin*. Il en sortait de beaux fils de dentelle, blanchis dans l'endroit. Les fabricants avaient étudié en Hollande les procédés de blanchiment. Ces fils se vendaient, en grande partie, au Puy-en-Velay, qui était alors le centre de la fabrication des dentelles.

Au commencement de ce siècle le nombre des habitants ne s'élevait pas à 1.800. Dans les vingt-cinq années suivantes, il dut plutôt décroître qu'augmenter. Le pays avait beaucoup souffert des guerres de la Révolution et de l'Empire, et surtout des deux dernières invasions [2].

1. D'après les stastistiques publiées en 1804 par M. Dieudonné, préfet, la verrerie de Colnet aurait été la plus ancienne du département elle existait en 1599. Elle fabriquait les verres à boire taillés et bruts et les verres pour la chimie et la pharmacie. En 1801 le personnel était de 33 hommes, sans compter les manœuvres de la cour et les bûcherons. Les principaux ouvriers gagnaient environ 3 francs par jour. Le bois était l'unique combustible employé. Cette verrerie n'est plus en activité.

2. Statistique de 1805 : 276, maisons, 370 ménages, 1.721 habitants.

En 1801, la fabrication du fil de dentelle était une industrie à peu près perdue; elle dut plus tard quelques années de succès à l'activité et à l'intelligence de la famille Legrand. Le chiffre des métiers de bas qui, en 1789, dans la région d'Avesnes, était de 402, n'était plus que de 328 après la Révolution. A Fourmies, il était tombé de 48 à 18; à Féron, de 30 à 20, à Ohain de 70 à 62. A Wignehies au contraire, il s'était élevé de 60 à 80. Chaque métier occupait un homme et deux femmes ou deux enfants. Le salaire de l'homme était de 1 franc à 1 fr. 15 par jour; celui des auxiliaires de 25 à 50 centimes. La laine employée était peignée sur place et filée « au petit rouet ».

De 1814 à 1818, ce pays frontière avait été constamment foulé par les troupes des alliés.

Les contributions extraordinaires et les réquisitions de toutes sortes l'avaient réduit à la misère. C'était la dure époque où le sous-préfet d'Avesnes, M. Prissette, coupable d'avoir plusieurs fois plaidé la cause de ses administrés, se voyait sur le point d'être déporté en Silésie. Le 3 septembre 1815, un sous-intendant prussien écrivait au maire de Trélon, chargé d'activer les réquisitions dans les communes du canton :

Monsieur le Maire,

M. Prissette, sous-préfet de cette place, s'est par sa mauvaise conduite attiré la punition qu'il mérite. Il a été arrêté aujourd'hui par l'ordre de M. l'Intendant général Prescher, pour être mené au quartier-général de S. A. R. le Prince Auguste, et de là conduit dans une forteresse, sur les frontières de la Russie.

Je vous invite, monsieur le maire du canton, de prendre, au reçu de la présente, les mesures nécessaires pour que, d'ici au 5 septembre, il soit déjà versé une certaine somme sur la réquisition dont M. Prissette a fait, le 19 août, la répartition entre les cantons.

Je ne peux, sous aucun prétexte que ce soit, accepter de réclamation.

Si, le 5 au matin, aucun payement n'est effectué, je vous envoie *(je vous l'assure sur ma parole d'honneur)* 1 officier, 4 sous-officiers et 50 soldats garnisaires.

Si, au bout de *deux* jours, ce moyen ne produit rien, on prendra à votre égard des mesures propres à vous faire repentir de votre opiniâtreté.

On jugera de la situation de Fourmies après les deux invasions, par cette lettre que le maire, M. César-Auguste Legrand adressait à son adjoint, M. de Colnet, le 2 mai 1817 :

« Nous sommes endettés on ne saurait davantage. Le gouvernement ne nous paie pas l'indemnité accordée pour les troupes. Enfin je ne sais comment nous ferons pour surmonter *sic* à toutes les charges de la guerre. dont nous sommes accablés pour l'entretien des officiers et soldats russes. Très incessamment je me dispose à convoquer le conseil municipal, afin d'aviser à des moyens pour tous nos maux.

« Enfin c'est de toute part que je suis encombré d'ouvrage pour la mairie. Je ne sais de quel côté donner de la tête. »

Les temps de malheur touchaient à leur terme. A l'époque où les soldats russes dont parle cette lettre quittaient le pays — 1818. — l'industrie mécanique de la laine prenait naissance dans la région. M. Paturle-Lupin installait 1.600 broches au Câteau.

En 1823. MM. Louis-Joseph Legrand, père et fils. créaient à Fourmies une filature de 1.512 broches. L'élan était donné, et des usines semblables. actionnées par des *pompes à feu à haute pression*. se fondaient à Fourmies. Wignehies. Avesnelles, etc. De 1852 à 1867, on comptait dans la région 38 nouvelles filatures. En 1890 le total était de 84 filatures, avec 930,000 broches (1).

A la filature s'adjoignaient peu à peu le dégraissage, le peignage et le tissage mécaniques, et quelques industries corollaires, fabrication des rouleaux de pression, des accessoires en bois, des ressorts pour broches, des engrenages en caoutchouc vulcanisé, des *rots*, des peignes, etc. Le mouvement du petit commerce suivait, comme toujours, le développement de l'industrie principale ; la prospérité du pays était assurée ; l'accroissement de Fourmies était presque aussi rapide que celui de certaines villes américaines. Le dernier recensement accuse une population de près de 16.000 habitants (2.349 maisons, 3.954 ménages).

Pendant les premières périodes de cette prospérité sans cesse croissante, les patrons étaient tous, ou presque tous « des hommes du métier ». Levés avant leurs ouvriers, assidus au bureau, à l'atelier, au magasin, ils donnaient l'exemple du travail, de l'exactitude, de la simplicité des mœurs. Leur autorité était

---

1. Mouvement de la population de Fourmies : en 1829, 2.103 habitants ; en 1882, 2.247 ; en 1837, 2.450.

paternelle, et chaque manufacture formait une grande famille, étroitement unie.

Dans ces conditions, la vie était facile pour tous, l'industrie continuait de progresser, et les manufacturiers fourmisiens se trouvaient à même de lutter honorablement contre leurs concurrents anglais, belges, allemands. Leurs mérinos et leurs cachemires avaient une réputation bien acquise, et solidement établie, de produits de premier ordre. On se tenait d'ailleurs au courant du progrès mécanique, on n'hésitait pas à renouveler l'outillage, dès que la nécessité s'en faisait sentir; quelques esprits chercheurs ouvraient la voie; Fourmies a eu de remarquables mécaniciens inventeurs.

A l'industrie lainière s'étaient joints le fourneau de fonte et la verrerie nouvelle, qui occupe aujourd'hui 350 ouvriers (120 ouvriers verriers, 167 manœuvres, 63 souffleurs). Les chemins de fer accéléraient le mouvement et facilitaient les transactions. La ville s'étendait de tous côtés et, tandis que les établissements se construisaient, les uns sur la rivière, les autres sur les pentes des collines, dans le vallon du Marais, sur le plateau des Noires-Terres, le faubourg de Trieux-de-

Villers prenait une importance de plus en plus considérable.

Des usines rivales s'étaient fondées dans les environs, à Wignehies, Sains, Anor, Glageon, Trélon, Ohain, et dans la plupart de ces villages la population doublait, triplait, quadruplait. Ces agglomérations se touchaient, et l'on s'est demandé quelquefois si elles ne finiraient pas par se fondre. Elles représentent actuellement, avec Féron, un total de 39.563 habitants (1).

Fourmies, le point central, n'est pas même chef-lieu de canton ; le juge de paix de Trélon y vient, de temps à autre, tenir audience.

Vue de la colline du Fief, ou du chemin de fer, la ville a une agréable physionomie. L'aspect général est resté à demi rustique, et l'on appelle encore *le village* la partie ancienne, le noyau, entre l'établissement du Palais et le pont d'Arcole. Tout s'est bâti pour ainsi dire au hasard, et sans souci d'alignement, dans les pâtures, au milieu des vergers ; et comme tout est en briques rouges, sur le fond vert des prairies et des vergers, le tableau est toujours riant.

1. Wignehies, 6.311 habitants ; Trélon, 4.325 ; Anor, 4.662 ; Glageon, 2.680 ; Ohain, 1.377 ; Sains, 4.229 ; Féron, 566.

Avant d'aborder l'étude de la situation actuelle, jetons un dernier coup d'œil — coup d'œil de regret, — sur la longue période de travail et de concorde.

L'ouvrier était généralement économe ; il vivait sagement, entretenant avec les patrons des relations affectueuses. Les grèves partielles, étaient fort rares, et le mutuel désir de conciliation y mettait prompte fin. Jamais de violences, jamais d'insultes. La plupart des travailleurs sérieux paraissaient contents de leur sort. Ils achetaient des terrains à terme, faisaient construire ces jolies petites maisons dont le touriste admire la propreté, et qui ont une physionomie si gaie, avec leurs fenêtres en tous temps garnies de fleurs. Le pays avait un air de prospérité qui charmait le regard. La ville faisait de larges sacrifices pour ses écoles primaires, ses écoles supérieures, ses institutions professionnelles, ses établissements d'assistance, ses sociétés de gymnastique et d'instruction militaire, pépinières d'excellents sous-officiers. On commençait à songer aux embellissements, on allait créer les jardins publics, on espérait avoir bientôt, pour les usages privés, les eaux limpides dérivées de l'Oise.

Les salaires.

Les industries les plus florissantes ont leurs époques de crise. Celle de la région fourmisienne avait eu ses vicissitudes, mais grâce à la sagesse et à l'entente de tous les intéressés. elle avait traversé sans trop de dommages ces moments d'épreuve.

La hausse des prix des denrées alimentaires et des logements avait suivi, — c'était inévitable, — le développement de l'industrie locale et l'accroissement de la population. Pour se rendre compte de cette progression. il suffit de jeter un coup d'œil sur le tableau suivant emprunté à la notice que publiait en 1889 la *Société du commerce et de l'industrie* :

	1844	1865	1867	1878	1889
Bœuf. . . le kilog.	1 40	1 45	1 65	1 80	1 80
Mouton . »	1 60	2 10	2 10	2 10	2 50
Porc. . . »	1 »	1 15	1 30	1 70	1 90
Lait . . . le litre	0 12				0 20
Œufs . . les 26	0 60				1 50
Beurre . le kilog.	1 40				3 20
Bière . . le litre	0 15				0 20
Café . . . le kilog.	1 »				4 »
Logement, 3 pièces, rez-de-chaussée, petite cave et grenier	120 »	150 »	190 »	210 »	240 »

Mais en même temps les salaires s'étaient
élevés. Jusqu'en 1878 ils avaient suivi une
marche continuellement ascendante. Depuis
lors, ils sont restés à peu près invariables,
parce que la situation générale est devenue
beaucoup plus difficile. Dans certaines branches on a pu constater parfois des tendances à
la baisse. Cependant, malgré les exigences de
la lutte contre la concurrence étrangère, ces
tendances ne se sont pas accentuées comme
il y avait lieu de le craindre, et voici la *petite* moyenne des salaires en ces dernières
années :

	1867	1878	1889
Fileur	4 80	5 »	5 »
Rattacheur (16 ans)	1 60	2 15	2 25
Ouvrière de préparation ou de peignage	1 60	2 10	2 25
Trieur	4 »	4	4 »
Tisseur	4 »	4 50	4 50
Tisseuse	3 50	3 75	3 75
Bobineuse (12 à 14 ans)	1 50	1 50	1 50

Nous disons la *petite* moyenne, car, dans
notre enquête personnelle sur cette question

des salaires, nous avons voulu nous tenir plus près du *minimum* que du *maximum*.

En 1890-91, par suite du mauvais état des affaires, la filature a réduit sa production de 1/6me, et il faut faire remarquer que, depuis le mois de juin 1890, les salaires de 1889, *en filature*, ont été réduits, de ce fait, de 1/6me.

Une réduction analogue s'est opérée, *en tissage*, lorsqu'il a fallu arrêter un certain nombre de métiers. Des ouvriers ont été congédiés, et ceux qui ont continué à travailler ont gagné les mêmes salaires qu'en 1889. Ou bien, dans certains établissements, pour éviter des renvois, quelques ouvriers, au lieu de conduire deux métiers, n'en ont plus conduit qu'un seul, ce qui a réduit leur salaire d'environ un tiers. Encore ces réductions n'ont-elles pas généralement porté sur les tisseurs pères de famille.

En 1889, pour obvier à de graves difficultés, les industriels de la région fourmisienne ont pris d'intelligentes mesures. Ils ont formé une association de filateurs dont l'objet spécial est *la limitation de la production dans des cas déterminés.* Par cette limitation bien entendue, et opérée en temps opportun, ils éviteront ces *encombrements* qui ont pour conséquences fatales les chômages partiels, les réductions de personnel, l'abaissement des façons et des salaires.

Nous toucherons plus loin à la question, si vivement discutée aujourd'hui, de la limitation des heures de travail.

En somme, les salaires, dans la région fourmisienne, sont encore supérieurs à ceux de la plupart des industries similaires dans beaucoup de centres français et étrangers, et surtout en Allemagne.

À Reims, les salaires sont les mêmes qu'à Fourmies. Dans les Vosges, ils sont de 25 à 30 0/0 inférieurs; dans le Cambrésis, de 30 à 40 0/0, ce qui correspond à une journée de 3 fr. et 2,50 pour le tisseur et la tisseuse à la mécanique. Dans ce dernier pays, le tisseur à la main ne gagne, en moyenne, que de 1 fr. à 1,50 par jour.

Il faut toutefois constater que la vie est moins chère, dans les Vosges et dans le Cambrésis, qu'à Fourmies et aux environs.

Les grèves.

Comme nous le disions tout à l'heure, il n'y a pas eu dans la région, avant 1891, de grèves sérieuses et prolongées, en tout cas pas de grèves révélant de profonds dissentiments entre ouvriers et patrons. Voici, d'ailleurs, tous les faits que nous avons à signaler.

En 1884, du 1er au 15 décembre, grève au tissage Jacquot, pour cause d'abaissement de tarif.

En 1886, — mai et juin, — presque tous les établissements, par suite d'une crise intense, se voient forcés d'abaisser les tarifs. De là, dans divers tissages de Fourmies-Wignehies, des grèves de six à huit jours au plus; dans certaines maisons l'interruption du travail n'est que d'une demi-journée. Les ouvriers rentrent, aux conditions qui leur avaient été faites, et l'année suivante les salaires remontent à leur ancien taux.

A Anor, en 1890, une grève qui avait éclaté dans un tissage, pour cause de modifications de tarifs, est facilement enrayée. L'entente est rétablie entre patrons et ouvriers, grâce aux conseils du maire d'Anor et du président de la Société industrielle, choisis comme arbitres par les intéressés.

En 1891, — avril et mai, — grève au tissage Flament, pour cause de renvoi de deux ouvriers. Les autres ouvriers exigeaient la rentrée de leurs camarades et le changement du directeur. Ces exigences sont repoussées, et les ouvriers rentrent, après cinq semaines de chômage. aux conditions anciennes.

Nous le répétons, jusqu'au moment où les conférences des socialistes révolutionnaires et les manœuvres des agitateurs ont égaré une partie de la population ouvrière, les grèves n'avaient pas eu un caractère d'hostilité systématique. et l'on ne pouvait reprocher aux grévistes ni ces manifestations tumultueuses, ni ces injures et ces violences qui laisseront dans le pays de si tristes souvenirs. Tant que le travail était régulier, l'ouvrier sérieux était content de son sort. Par l'ordre et l'économie il pouvait arriver à la propriété, avoir sa maison et son jardin, et récupérer l'intérêt du capital engagé, en louant à des camarades le logement contigu à celui qu'il occupait.

5.

Fourmies compte aujourd'hui 4.068 familles (15.895 habitants, dont 3.116 belges). On peut estimer que *cinq ou six cents* propriétaires sont des ouvriers, ou d'anciens ouvriers, pour la plupart *fourmisiens de naissance*. L'ouvrier étranger a plutôt des goûts nomades; il ne se fixe pas facilement.

Par suite de l'élévation progressive du prix des terrains, dans une ville qui s'est rapidement accrue, l'accession à la propriété est devenue plus difficile. Mais nous pourrions citer bon nombre d'ouvriers, de contremaîtres et de petits commerçants qui, dans ces douze dernières années, sont encore parvenus à acquérir maison et jardin.

VIII

LE CARACTÈRE, LES MŒURS ET LEURS CHANGEMENTS

L'ancienne population de Fourmies et des environs était douce, paisible, franchement accueillante, généreusement hospitalière, plus ouverte et plus gaie que beaucoup d'autres populations du Nord. Elle aimait les fêtes, les divertissements des *ducasses*, la table, la danse, les jeux de force et d'adresse : mais très attachée à ses croyances, à ses devoirs de famille, à ses vieux usages, elle se maintenait dans les principes d'honnêteté et de simplicité.

Un soldat de notre première République écrivait dans son *journal de marche* :

Le vin, très cher, n'est pas beaucoup en usage ; la bière est la boisson. La manière de vivre est très

simple : lait, fromage et fruits... Dans ces pays, on
est affable et humain. »

Un écrivain originaire de Dourlers disait,
vers 1850, dans ses études sur l'arrondissement
d'Avesnes :

L'aspect extérieur des habitations est propre et
riant ; l'intérieur l'est davantage encore. Dans aucun
pays, si ce n'est en Hollande peut-être, la ménagère
n'a autant de soin de laver, de frotter, de badigeon-
ner son pavé, ses meubles, ses murs ; mais cet ins-
tinct, ces habitudes d'ordre et de propreté, se retrou-
vent dans l'aspect extérieur des habitants comme dans
leur langage. Vous trouvez chez tous des vêtements
propres et parfois élégants ; un grand fond de socia-
bilité, de politesse et d'enjouement.

Ce que disait M. Z. Piérart de l'arrondissement d'Avesnes en général pouvait alors s'appliquer particulièrement à Fourmies. La moralité était bonne, et la région avait l'enviable
privilège de ne jamais fournir de *sujet mémo-
rable* aux annales judiciaires.

De 1825 à 1860 l'altération du caractère et
des mœurs n'a pas été très sensible. L'ouvrier
fourmisien a eu le rare bonheur d'échapper
longtemps à la contagion ; c'était à juste titre
qu'on le citait comme un modèle d'ordre et de

probité. L'altération ne s'est vraiment accentuée que dans ces dernières années. Elle ne tient pas autant qu'on pourrait le croire aux causes ordinaires, c'est-à-dire au développement d'une industrie *à grands ateliers* et à l'infiltration continue des éléments étrangers.

La promiscuité, dans les grands ateliers, a une influence démoralisatrice; nous nous garderions de le nier. En outre, de même que l'ouverture de la cantine suit de très près celle du chantier de travail, l'installation des cabarets suit la création des manufactures. A Fourmies-Wignehies, les *débits* ont pullulé. Dans l'une des agglomérations (5.895 habitants) on en compte 364 ; dans l'autre (6.311 habitants) ils sont au nombre de 113. Ce n'est pas là, certainement, ce qui peut élever le niveau moral.

Cependant on a encore rarement l'occasion de signaler, dans la région, les violents excès qu'entraîne l'alcoolisme. Les rixes sanglantes et les attaques à main armée sont toujours des cas exceptionnels. Les abandons d'enfants sont moins fréquents que dans la plupart des autres centres industriels, et le crime d'infanticide est une *monstruosité* qui soulève la réprobation générale.

Jusqu'en 1891, la tâche du commissaire de police, avec l'aide de quelques agents débonnaires, n'avait pas été trop pénible. *Cinq gendarmes à pied* suffisaient pour assurer, à Fourmies Wignehies, Anor et Féron, le respect des lois, des personnes, des propriétés. Dans la plupart des établissements lainiers de Fourmies, la majorité du personnel était honnête et paisible. De nombreux ouvriers avaient été médaillés pour trente ans et plus de présence dans les mêmes usines. Jusqu'à quel point l'influence des éléments étrangers a-t-elle été pernicieuse? C'était, il y a quelques mois, l'objet d'une étude publiée par le *Temps*.

Nulle part, disait le correspondant de ce journal, l'entente entre patrons et ouvriers n'était plus complète et plus facile... Mais un élément nouveau est venu s'implanter ici, le tisseur. Lorsque les peignages et les tissages ont été accrus, on s'est adressé au Cambrésis pour avoir des ouvriers. Dans cette région, où le paysan émigre l'été, allant louer ses bras au loin, il est, l'hiver, tisseur de laine. Le tissage à la main décroissant, l'émigration est devenue permanente pour beaucoup. Or le tisserand du Cambrésis, le *camberland*, comme on dit ici, est un être à part; il a le caractère mystique de l'ouvrier solitaire, il obéit à des courants changeants, il lui faut une chimère à nourrir ou une étoile à adorer.

si l'on cherchait dans l'histoire de cette petite province, on verrait toujours la population vouée à des idées exaltées en faveur d'un homme ou d'une chose. Dumouriez, Bonaparte, le second Napoléon, Amigues, Boulanger ont été ses idoles. Isolé dans la région de Fourmies, le *camberland* est devenu une proie pour les agitateurs; lui-même s'est fait apôtre. Ses prédications ont glissé sur l'ouvrier fourmisien de sens rassis, mais elles ont trouvé un écho parmi les jeunes gens des usines et, dans la catégorie la plus nombreuse, les rattacheurs, qui sont les aides, les salariés des fileurs. Notez que ces apôtres des revendications sociales, qui s'élèvent contre la faiblesse des salaires, gagnaient à peine 2 francs par jour dans leurs sous-sols du Cambrésis; ils sont arrivés a se faire, a Fourmies, de 4 à 6 francs.

Faut-il considérer comme parfaitement exact ce portrait du *camberland*? Faut-il penser aussi, comme nous l'avons parfois entendu dire, que les bons ouvriers du Cambrésis étaient restés chez eux, et que les industriels fourmisiens auraient dû exiger de plus sérieuses références de ceux qui se décidaient à quitter le pays? Nos recherches personnelles nous permettent d'affirmer que les premiers éléments étrangers introduits à Fourmies étaient bons. Ils avaient sans doute été choisis avec soin et avec intelligence. Les tricurs, notamment, jouissaient d'une considération méritée. Mais, plus tard, l'immigration ne s'accomplit plus dans les mêmes conditions et avec les mêmes garanties : à certaines époques de travail enfiévré, ce fut presque le pêle-mêle de l'invasion. Un moment vint où la prospérité de l'industrie lainière, et la charme proverbiale des habitants de Fourmies attirèrent des gens qui n'avaient pas de métier, pas d'aptitudes spéciales. Des Ardennes, de la Picardie et de la Belgique, arrivaient des ménages pauvres, avec de nombreux enfants en bas âge. Ils n'avaient pas les ressources suffisantes pour attendre le gagne-pain, et il leur fallait vivre de « secours » et d'expédients. L'occupation qu'ils trouvaient enfin n'était pas toujours assez rémunératrice pour assurer la subsistance de toute la famille. De là, l'inévitable misère, qu'accompagnent trop souvent l'abaissement du caractère et la perversion du sens moral.

Beaucoup de ces malheureux cherchaient des ressources dans la contrebande, allaient acheter du tabac, du café, des allumettes dans les *maisons-frontières*, et revenaient, la nuit, par les sentiers des bois, avec leurs ballots de marchandises belges. Ils finissaient par ne plus pouvoir vivre d'une autre vie.

A Fourmies et aux alentours, les contrebandiers sont légion. La plupart sont bien connus des douaniers et de la police; leur existence est fort précaire, souvent misérable et exposée à des dangers de toute sorte; mais les procès-verbaux, l'amende, la prison ne les découragent pas. La fraude est devenue pour eux une profession, et peu s'en faut qu'ils ne soient qualifiés de *fraudeurs* dans les actes de l'état civil, comme ils le sont dans les journaux de la localité. Aux époques de trouble ils peuvent devenir redoutables.

On objectera qu'un certain nombre de ces fraudeurs sont inoffensifs et incapables de commettre tout autre délit que celui pour lequel ils encourent des condamnations plus ou moins fréquentes. Nous répondrons qu'un homme accoutumé à violer la loi et à vivre de ressources inavouables est toujours dangereux. Du braconnage à la maraude, par exemple, et de la maraude au vol avec effraction, il n'y a que quelques enjambées, et nous voyons trop souvent le braconnier finir par l'assassinat. Pour lui le garde champêtre, le garde-chasse et le gendarme sont des ennemis ; il leur voue parfois une haine mortelle. En tout cas, il perd l'habitude et le goût du travail honorable, il aime passionnément sa vie tourmentée, il est de la grande armée de ces éternels mécontents pour qui la seule solution de la question sociale est la suppression de toute autorité.

Ce que nous disons du braconnier, nous pouvons le dire du contrebandier. Dans la région de Fourmies, comme partout ailleurs, il finit par ne plus aimer que la fraude, et, lorsque la fraude ne lui donne pas de quoi vivre, il est bien près de devenir « un malfaiteur ». Si la surveillance à la frontière est trop rigoureuse pour qu'il lui soit possible d'exercer sa « profession », il se rabat sur la ville et y vit d'expédients presque toujours condamnables. Il est l'insurgé à l'état latent, et dès que se produisent des désordres comme ceux du 1er mai, il marche avec les émeutiers contre la police et contre les gendarmes, « ses ennemis naturels ».

L'introduction trop rapide, et sans contrôle sérieux, des éléments étrangers n'a pas seulement grossi la légion des fraudeurs ; à d'autres points de vue, elle a été une cause de démoralisation. Toute ville a ses plaies plus ou moins cachées, par exemple la prostitution réglementée. A Fourmies, depuis l'époque où s'est accrue l'affluence des nomades, la débauche a pris de plus libres allures, et le vice s'est étalé plus effrontément. A la suite des filles de carrefour sont arrivés les souteneurs, les rôdeurs qu'on appelle « les rattacheurs de la nouvelle place ». Nouveau danger pour l'ordre public, nouveau contingent pour les bandes de l'émeute.

Pour compléter cet exposé, nous n'ajouterons qu'un détail, mais un détail bien caractéristique :

Beaucoup de familles qui ne trouvaient pas dans la fraude et dans d'autres besognes louches des ressources suffisantes dressaient leurs enfants à mendier sur la voie publique. C'était l'exploitation éhontée de la bienfaisance. Le passant, l'étranger surtout, était quelquefois harcelé par des bandes de petits garçons, ou par des fillettes de huit à douze ans, qui le suivaient d'un bout à l'autre de la ville. Nous laissons à penser ce que devenaient des enfants ainsi élevés.

Telle était la situation, lorsque éclatèrent les

discordes politiques. Déjà, depuis longtemps, la funeste engeance des politiciens s'acharnait à travailler les masses. Les plus détestables procédés de polémique s'étaient introduits dans certains organes de la presse régionale. Au lieu de la discussion sérieuse, calme et digne, c'était désormais l'attaque personnelle, l'injure, l'insulte, la diffamation, la calomnie « dont il reste toujours quelque chose ». L'intérêt électoral prenait le pas sur l'intérêt public. Un journal tour à tour républicain, bonapartiste, conservateur, clérical, socialiste, et, sous ces diverses étiquettes vivant péniblement de maigres subventions, crut servir la cause de son candidat et de ses commanditaires en excitant les ouvriers contre *les patrons républicains*.

Dans l'étude dont nous avons donné un extrait, le correspondant fourmisien du *Temps* raconte en ces termes cette campagne de *division* :

« Avec une perfidie remarquable, on publiait, par exemple, le fac-similé d'une feuille de paye faisant ressortir à sept sous par jour le salaire d'un ouvrier. On ne citait pas le nom de l'usine, mais on disait triomphalement : « Que pense de cela M. F. ou « M. B. ? » Celui-ci protestait, mettait au défi de

dire le nom d'un ouvrier aussi peu payé, et on lui
répondait : «Nous n'avons pas dit que c'était chez
« vous, nous avons demandé ce que vous en
« pensiez ! »

« Et chaque fois qu'un industriel républicain bri-
guait un mandat quelconque, on reprenait le cliché.
C'est ainsi que la légende des *sept sous par jour*,
encore vivante, s'est créée.

« Les industriels ainsi attaqués avec une violence
croissante fondèrent **un** organe pour répondre.
Chaque fois que l'un d'eux était insulté, on ripostait
en vilipendant un des commanditaires de la feuille
réactionnaire. Cette guerre eut pour résultat de faire
retirer les commandites. Le journal réactionnaire
changea d'allures ; il devint ouvertement socialiste,
puis, profitant du courant boulangiste, il s'efforça
d'attirer à lui la clientèle populaire. »

Ce fut surtout pendant la période boulangiste
— période d'affolement — que s'accentuèrent
les divisions politiques entre les ouvriers et
les patrons. Les commis voyageurs du césa-
risme, ou, comme on disait alors, du *parti
national,* firent preuve d'une activité « dévo-
rante ». La presse dévouée — et subvention-
née — seconda les efforts des conférenciers.
Une foule enthousiaste accourut aux réunions
publiques, et nous devons reconnaître qu'un
grand nombre d'honnêtes gens, trompés par
l'apparence du patriotisme, séduits par les

grands mots de relèvement, de revanche, subi-
rent un entraînement qu'ils ont regretté plus
tard.

Le général Boulanger, poursuivant sa campagne plébiscitaire, vint à Fourmies, recevoir
les ovations que les agents de l'entreprise lui
avaient préparées. Comme ses lieutenants, il
faisait aux populations ouvrières les plus bril-
lantes promesses. Son programme embrassait
toutes les réformes à la fois. C'était cette
panacée, ce remède à toutes les maladies, que
les charlatans débitent sur les places publiques.

La déception fut prompte et cruelle. L'idole
des foules tomba, l'aventurier s'enfuit en Belgique, et ses complices essayèrent vainement
de prolonger la lutte. Aux yeux des naïfs, le
général, quoiqu'il n'eût jamais commandé une
brigade devant l'ennemi, avait été l'incarnation
de l'héroïsme. A Bruxelles, à Londres, à Sainte-
Brelade de Jersey, il ne représentait plus que
ce principe de la conservation personnelle
et de la prudente réserve, qui ne peut inspirer
à la masse du peuple français ni estime, ni
sympathie.

Dans le Nord comme partout ailleurs, le

courant de l'opinion prit une direction moins aventureuse, et les élections redevinrent républicaines. Mais à Fourmies et dans la région industrielle, le mal qu'avaient fait les discordes politiques et les brutalités de la polémique, était difficilement réparable. Les caractères aigris, les esprits troublés allaient encore aux extrêmes, et le rapprochement entre patrons et ouvriers ne s'opérait pas.

Un économiste qui a longtemps vécu parmi les populations ouvrières a écrit :

Les passions ne sont que les expressions violentes des désirs. Les désirs sont, en général, d'autant plus ardents qu'ils sont moins réfléchis et qu'ils sont plus vagues. L'homme qui se borne à des aspirations sans en avoir exactement précisé le sens et sans avoir étudié les moyens de les réaliser. est capable de toutes les folies, car il n'a aucune notion de la réalité. C'est là ce qui rend les foules si dangereuses à certains moments. Elles souffrent, elles ont des besoins, elles voudraient les satisfaire : mais n'ayant pas une notion exacte de leurs besoins, elles ne savent comment arriver à cette satisfaction. Alors elles s'irritent, elles s'enivrent, elles détruisent pour faire quelque chose, par désespoir de ne pouvoir attendre un idéal qu'elles entrevoient, mais qu'elles ne peuvent déterminer.

« Le problème se pose donc en ces termes : Il s'agit de substituer des mouvements raisonnés à des mouvements instinctifs, des opinions à des désirs, des idées précises à des chimères décevantes ; en un mot la prévoyance à l'imprévoyance ».

C'est peut-être juste en théorie, mais dans la pratique il y a peu d'entreprises qui exigent plus de travail et de temps que de faire l'éducation politique et économique des masses. L'ignorant, tout d'abord, ne veut pas reconnaître son ignorance : il n'admet pas, par exemple, que la politique soit une science, et que cette science, comme les autres, demande de longues années d'étude. Il lui paraît infiniment plus commode de se persuader qu'il sait tout sans avoir rien appris, et d'accorder son entière confiance aux journalistes et aux beaux parleurs qui lui disent : « En toi, en toi seul sont l'intelligence, la raison, le droit, l'honnêteté. » Bientôt il n'est plus un homme maître de son libre arbitre et doué de sens moral : il a abdiqué entre les mains des intrigants qui exploitent sa crédulité, sa vanité, ses passions.

Dans la région fourmisienne, ce furent des politiciens aux abois, de prétendus publicistes, déclassés prêts à toutes les besognes, qui, avec le concours des socialistes révolutionnaires, entreprirent l'éducation des masses.

IX

VIOLENCES DE LA POLÉMIQUE ET FUNESTES EXCITATIONS

En 1889, la population de Fourmies était profondément divisée. Des entreprises dont, en d'autres temps, l'objet aurait pu paraître excellent, passaient à tort ou à raison pour des « machines de guerre ». A la création d'un *Syndicat chrétien*, on ripostait par la formation d'une *Ligue républicaine*. Des hommes également honorables, et qui jusqu'alors, malgré certaines divergences d'opinions, étaient restés unis sur le terrain des intérêts locaux, engageaient les uns contre les autres une lutte acharnée, inévitablement fatale à la considération de tous.

Après la fuite du général Boulanger, le pro-

cès de la Haute-Cour, les défaites du *parti
national,* la guerre intestine n'était pas terminée. Il fallait encore passer par la période
d'exaspération et de convulsions. Les querelles
de presse n'avaient plus aucune retenue:
c'étaient des débordements d'injures. Les politiciens d'aventure, qui avaient cru un instant
toucher au pouvoir et à la fortune, faisaient
des efforts inouis pour s'accrocher à quelque
épave dans ce grand naufrage. Aux élections
législatives de septembre et octobre, ils livraient
leur dernière bataille.

Dans un document officiel, un rapport lu à la
Chambre des députés sur une élection du Nord,
les violences de la polémique étaient signalées
et flétries. Le rapporteur disait : « Elles ont
passé toutes les bornes. »

Certes, dans la région d'Avesnes et de Fourmies, nous connaissons d'honnêtes publicistes,
à qui ces excès ne sont nullement imputables.
Ceux-là, en se respectant eux-mêmes, savent
faire respecter leur profession et leurs opinions.
Mais n'en est-il pas d'autres à qui pourrait
s'appliquer ce portrait récemment tracé dans
un mémoire sur les excitations par la voie de
la presse?

« Des déclassés besogneux, après avoir
« essayé de tout, s'embusquent dans un jour-
« nal et tirent sur le passant. A défaut de
« l'instruction nécessaire et des aptitudes du
« véritable publiciste, à défaut du savoir et du
« talent, ils ont l'audace et la violence. Pour
« arriver à une situation politique, ou seule-
« ment pour gagner le pain quotidien, ils ne
« comptent que sur l'exploitation du scandale.
« Ils cherchent le succès dans l'attaque per-
« sonnelle, la polémique brutale, l'outrage, la
« diffamation. A vrai dire, c'est à leurs risques
« et périls, et il peut leur arriver d'encaisser
« surtout des condamnations correctionnelles.
« La popularité et l'argent ne viennent pas ;
« ces méprisables *faiseurs* s'en prennent à
« leurs confrères de la presse régionale : ils
« les harcèlent de leurs insultes pour les obli-
« ger à batailler ; ils espèrent que la galerie
« suivra les phases du combat avec un intérêt
« passionné ; ils ne comptent plus que sur ces
« odieux expédients pour *faire monter le*
« *tirage*.

« Les concurrents ne se prêtent pas tou-
« jours à la manœuvre : ils laissent les indi-
« gnes et malheureux adversaires s'agiter dans

« le vide. La situation devient de plus en plus
« critique. On s'éloigne des insulteurs, pour
« ne pas être éclaboussé; on n'a plus avec
« eux aucune relation apparente. Si parfois,
« pour la satisfaction de quelque rancune, on
« a recours à ces hommes capables de tout,
« c'est mystérieusement, comme pour une
« action inavouable.

« Si l'occasion se présente, ces faméliques
« se mettent à la solde d'un parti, ou d'une
« coterie; ils font à prix débattu de honteuses
« besognes. Le sentiment de leur dégradation
« les irrite, leur poche au fiel se gonfle à en
« éclater. Le jour où ils se croient sur le che-
« min de la fortune, ils n'ont rien de plus
« pressé que de se venger des humiliations
« qu'ils ont dévorées. Parfois ils mordent les
« mains qui les ont nourris; ils se retournent
« contre leurs anciens protecteurs, contre
« leurs commanditaires d'hier qui, effrayés
« d'une solidarité trop compromettante, refu-
« sent les subsides, retirent la subvention.
« L'isolement se fait autour de ces hargneux
« dévoyés: on les méprise plus encore qu'on
« ne les redoute. Le mépris public les exas-
« père, ils joueront le tout pour le tout. N'ayant

« plus rien à perdre, ils auront peut-être quel-
« que chose à gagner dans un bouleversement,
« dans une catastrophe. »

Il ne nous sera que trop facile de démontrer
*que la catastrophe a été préparée par les violences
et les excitations de la presse...*

Quelques extraits suffiront à donner une
idée de ce que fut la polémique, dès 1888, dans
la région fourmisienne.

Un journal, qui avait servi les haines de tous
les partis et de toutes les coteries, faisait
une nouvelle évolution et prenait ce sous-titre :
organe hebdomadaire du parti national. Il
invectivait en ces termes ses adversaires républicains :

« Citoyens ferrystes, wilsonistes, floquettistes,
« l'on vous écrasera, comme on écrase de *vilaines*
« *chenilles*, comme vous a écrasés deux fois le géné-
« ral Boulanger ! »

Ce n'étaient que les aménités de « l'article
courant ». Les mots de « fripons, voleurs, fri-
pouilles, tripatouillards, pourris, cadavres
infects » émaillaient cette prose de « justi-
cier balayeur ».

6.

Article du 31 mars : *Lui et eux* :

« *Lui*, c'est le général Boulanger *qui arrive*. Eux,
« ce sont les jouisseurs, les sectaires qui, après avoir
« ruiné la France en l'exploitant à leur profit per-
« sonnel, *s'en vont* chassés par *le balai du peuple* ! »

Mais c'était précisément le général Boulanger qui s'en allait : il partait pour la Belgique.
L'organe hebdomadaire du parti national,
exaspéré, insultait le Gouvernement, les Chambres, *les maîtres du jour et leurs excitateurs*
(sic), qu'il accusait de vouloir faire fusiller
ou guillotiner le fugitif. Il les menaçait de terribles représailles :

« Insensés, comment ne voyez-vous pas que l'heure
est proche où le peuple, votre maître, vous traduira
tous à la barre de son tribunal suprême, pour vous
condamner, pour vous balayer tous ensemble à l'égout
du Wilsonisme, où se sont englouties tant de consciences républicaines !
« Oh ! c'est alors qu'il s'élèvera un grand vent, le
vent qui souffla en 1851 ; et du fond de tous les villages de la France opprimée, de derrière tous les métiers des tissages et des filatures, le peuple, enfin sou-
lagé, poussera un grand cri de délivrance en voyant
s'enfuir les oiseaux de proie qui, aujourd'hui, s'acharnait *lâchement* sur un de ses élus, au lieu de « se sou-
mettre et de se démettre ! »

Mais c'était surtout en temps d'élections que débordait le torrent des injures :

Guerre aux forbans !... Oui, c'est à une bande de forbans que nous avons affaire... *Ils ont essayé d'assassiner notre député...* Ils ne sont qu'une poignée de soudards... Si vous le voulez, ils trembleront demain, implorant grâce pour leurs méfaits... *A bas les rôdeurs. Vive Boulanger !*

Sur les journaux du parti opposé tombaient des avalanches d'ordures :

La *Tribune* bave, elle écume !...
A la veille de sa crevaison, la feuille du misérable b.... ex-garde-chiourme, est en proie à des convulsions qui inspirent encore plus de dégoût que de mépris.
Son dernier hoquet l'étouffe. Repoussons du pied sa charogne ! »

Les excitations contre les industriels de la région, et surtout contre les industriels républicains, avaient commencé à une époque antérieure, et déjà certaines usines étaient traitées de *bagnes*. Mais, pendant la période électorale, elles redoublaient de violence. En voici quelques spécimens :

Ouvriers lainiers,
Il y a des manufactures où l'on vole comme dans un bois.

Il y a des établissements où l'on s'enrichit avec vos sueurs et où, non content de retenir abusivement votre salaire péniblement gagné, *on prostitue vos femmes et vos filles.*

« C'est monstrueux !

Est-ce assez pour soulever vos colères ?

« Non, il faut encore qu'on essaie d'étouffer le cri des légitimes révoltes dans vos consciences. Il faut encore que l'on essaie de vous ravir la liberté de voter à votre gré » (22 *septembre* 1889.)

Huit jours après, le soir d'un scrutin qui n'avait pas donné de résultat définitif :

Vienne le groupement en syndicat, et les bandits qui s'étaient conjurés pour nous faire assassiner trembleront bien autrement.

Il faut qu'ils le sachent une bonne fois. Nous les connaissons, nous savons ce qu'ils valent, de quoi ils sont capables, nous saurons purger la ville de Fourmies de cette race de juifs malhonnêtes qui l'oppriment, qui l'exploitent (1). Les noms de cette demi-douzaine de voyous de la haute sont au bout de notre plume. Qu'ils prennent garde !

Nouvelles excitations contre les patrons :

Les opportunistes font des dépenses folles, inouïes, achetant des voix, embauchant des gens peu scrupuleux qui vendent leur conscience...

« Qui paiera ça ?

« Tels patrons qui font les avances de fonds, les

____

1. Il n'y a pas d'israélites à Fourmies.

souscriptions étant insuffisantes, *sauront bien se rattra-
per sur les bras des ouvriers* après les élections. Voilà
ce qu'on nous dit...

« Les patrons égoïstes du parti tonkinois *auront
rallumé la guerre*.

« Elle ne se fera pas à leur profit. Eux aussi, eux
surtout payeront tout cela.

« *On a dit qu'ils voulaient faire manger des pierres
aux ouvriers*.

« Veulent-ils donc soulever contre eux les colères du
peuple ? » (*29 septembre* 1889.)

Le jour du scrutin de ballottage (6 octobre),
manifeste *aux électeurs ouvriers* :

« Les patrons, pas bêtes, se sont dit que si les ouvriers votaient pour Hiroux, c'est que ça leur plaît
d'être tondus jusqu'à la peau !

« *Et dès lors tous les patrons se croiront autorisés par
les ouvriers à les tondre* ! Cela a été dit, ce n'est que
trop à prévoir. »

Un brave qui signait Nemo (personne),
pour le comité ouvrier, écrivait en sortant du
théâtre où M. Georges Laguerre avait prononcé
un discours, violent à froid, en faveur du
candidat boulangiste :

« Honte sur M. Hiroux, candidat de la Police, protecteur du brigandage électoral !

Honte sur les misérables qui se font les auxiliaires des basses œuvres du parti des Wilson et des Hiroux !

« A bas les brigandages !

« A bas les fraudes !

« A bas *les alliés de l'Allemagne !*

« Aux urnes, citoyens, chassons les brigands, les détrousseurs de grands chemins ; délivrons notre Patrie de la bande qui l'exploite et qui la ruine ! »

Le candidat boulangiste échouait ; les bruyantes manifestations des vainqueurs exaspéraient les vaincus. L'organe hebdomadaire du parti national lançait ses foudres :

« La journée du 6 octobre est une calamité publique.

Que la tyrannie jouisse de son reste ; la liberté violée ne tardera pas à prendre une éclatante revanche ! »

Il formulait contre ses adversaires politiques les accusations les plus graves : « Fraudes « électorales, viols électoraux, — violences « bestiales, — l'élection par le meurtre (*sic*, « — le drapeau tricolore traîné dans la boue. « — saturnales de la haute pègre, — l'urne « entre Cartouche et Mandrin, etc., etc. »

Aux récriminations furibondes contre l'esclavagisme *dans la région lainière*, « où les

« ouvriers ont le couteau sur la gorge », s'ajoutaient les violentes menaces :

« Nous n'hésitons pas à le dire, si ceux qui nous ont combattus par des procédés qui frisent le crime parvenaient à leur but, il y aurait ici, *dans un temps prochain, une explosion de colères et d'indignations* dont les ouvriers, qu'on a enchaînés pour les faire voter contre leur défenseur et contre leurs intérêts, *deviendraient les instruments*, et leurs indignes patrons *les premières victimes.* »

Ainsi se préparaient, en octobre 1889, les événements de mai 1891. Déjà il était question de la création d'un syndicat rendu nécessaire par le *vol des salaires, l'abolition de tout tarif du travail, la suppression de toute garantie contre l'égoïsme de certains patrons, contre l'arbitraire qui préside au règlement des comptes de paye, dans certaines manufactures dont les directeurs ont dépouillé tout scrupule.*

En même temps, l'organe du parti national essayait d'une nouvelle évolution. Il envoyait ses adieux au général Boulanger « par delà « les mers », il manifestait sa résolution de marcher désormais *à l'avant-garde de la République,* il se déclarait *socialiste,* « écho fidèle des « plaintes ouvrières ».

Son socialisme continuait à s'affirmer par l'excitation des ouvriers contre les patrons. Par exemple, à propos de la validation de l'élection Hiroux :

« Entre frères du même sang, on ne s'invalide pas. M. Hiroux vaut la Chambre, la Chambre vaut M. Hiroux.

« Les ouvriers dupés peuvent en faire leur deuil ; ils ne sont pas prêts (*sic*) à obtenir le relèvement et le respect des tarifs, encore moins la suppression des amendes...... »

« Quand les députés montrent aussi peu de justice dans l'enceinte *où se fabriquent les lois*, comment veut-on que les ouvriers puissent avoir la garantie d'une justice aux ateliers où *les patrons députés fabriquent des tissus*, ou autres produits industriels?

« Si les ouvriers sont un jour *réduits à manger du foin*, ne sera-ce pas un peu leur faute ? »

En 1890, et surtout au commencement de 1891, les hommes qui s'acharnaient ainsi à attiser les haines, trouvèrent d'ardents auxiliaires. Un journal socialiste révolutionnaire, la *Défense des Travailleurs*, imprimé à Saint-Quentin, publiait sous le titre *Revue des Bagnes* une série d'articles violemment injurieux. Les *bagnes*, c'étaient les établissements industriels de Fourmies, Wignehies, Sains, Anor.

On jugera par quelques courtes citations du ton habituel de cette *Revue*.

« Au bagne de... les ouvriers y sont heureux comme au temps de l'âge d'or. Dans cet Eden nouveau genre, on commence les journées tous les jours à 5 h. 1/4 du matin jusqu'à 8 heures du soir. Le samedi c'est un cas autrement différent (*sic*), comme les ouvriers auront la faculté de se reposer le dimanche, on les fait *trimer* jusqu'à minuit.

« C'est, on le voit, ce qui s'appelle mettre en pratique le *travail-frein* : l'ouvrier éreinté reste coucher (*sic*) une partie de la journée, de cette façon il ne s'occupe pas de politique, il ne fait pas de socialisme, à peine a-t-il le temps de se reconnaître que la cloche l'appelle de nouveau pour emmillionner les seigneurs de la laine.

« Voilà ce que c'est que de connaître l'économie politique et de savoir se servir du travail-frein ; on devient savant dans l'art de tondre très ras la laine sur le dos des autres. »

L'établissement dont il s'agit ici, quoique l'auteur de la *Revue* formulât contre lui des accusations odieuses, était encore un des moins maltraités. Pour les autres, en général, on n'avait pas de ces ménagements. La calomnie, la diffamation, l'injure grossière, s'acharnaient contre les patrons, contre leurs employés, et même contre les ouvriers qui paraissaient réfractaires aux *nouvelles doctrines*. Voici, par exemple, en quels termes on faisait appel *aux ouvriers fourmisiens* :

« Un père de famille étant seul à nourrir sept enfants vient d'être victime pour être arrivé à son travail après l'heure. Ce n'est pas fini, vous verrez plutôt, travailleurs fourmisiens mes frères! Ce cher P. est entouré d'une bande de mouchards d'ateliers, de chiens de garde du capital, qui, pour avoir un os à ronger, l'aident à tondre ses pauvres moutons.

« Ces malheureux ne comprennent pas qu'il serait plus facile de manger un pain plus blanc que celui de l'humilité, en s'unissant à leurs camarades de misère pour soutenir leurs droits à l'existence contre l'abaissement croissant des salaires. Non, il faut reporter (*sic*) et médire contre des malheureux comme soit (*sic*), il faut qu'on dise ce qui se passe au patron et, pour mériter un regard du maître, raconter ce qui est et surtout ce qui n'est pas.

« O ouvriers lâches et insensés, hommes traîtres à vous-mêmes! Vous livrez à vos maîtres vos femmes et l'avenir de vos enfants... C'est infâme! »

La Défense des travailleurs était assez répandue dans la région fourmisienne pour y exercer une dangereuse influence. Elle y avait de zélés correspondants; elle se vendait sur la voie publique et aux portes des manu-

factures. Si parfois l'abord de certains ateliers lui était peu facile, elle trouvait toujours
le moyen de pénétrer au domicile de l'ouvrier. L'avis suivant indique un des modes
de propagande :

« Les travailleurs de Fourmies et Wignehies qui
désireraient lire la *Défense des travailleurs*, sans
cependant l'acheter dans la rue, peuvent, pour ne
pas se compromettre, envoyer leur adresse au citoyen
D..., chez M. E. , rue de Glageon, à Fourmies, qui
fera le service à domicile. »

Ce journal hebdomadaire avait pour directeur-gérant Victor Renard, ancien ouvrier tisseur. Renard, expulsé des ateliers de Saint-
Quentin, était devenu cabaretier et s'était
improvisé publiciste. Vers la fin de 1890, dans
une étude sur les socialistes français, on le
dépeignait en ces termes :
« Petit homme, remuant, ardent, passionné,
« tenace dans ses haines. Les théories inter-
« nationalistes et la phraséologie des réunions
« publiques forment tout le fond de son ins-
« truction. Il croit d'ailleurs suppléer aux con-
« naissances qui lui manquent par la hardiesse
« des idées et l'énergie de la volonté. Esprit
« mal équilibré, caractère violent, tempéra-

« ment nerveux et bilieux. En cette nature
« chétive la lame use le fourreau. On a pris
« parfois Renard pour un halluciné. En tous
« cas, il faut reconnaître qu'il a beaucoup plus
« de franchise dans son langage incorrect, et
« beaucoup plus de netteté dans sa conduite, que
« la plupart des chefs du mouvement révolu-
« tionnaire. Il ne se complaît pas comme eux
« dans les situations équivoques et dans les
« manœuvres cauteleuses. Ouvertement, bru-
« talement, il affirme son hostilité contre l'or-
« ganisation sociale actuelle, contre le gouver-
« nement bourgeois, contre les classes
« possédantes, contre *les tyrannies* du capita-
« lisme, de l'industrialisme, du machinisme,
« et contre ce qu'il appelle « les momeries
« religieuses, la cagoterie des *bagnes cléri-
« caux*, les *sacrrés patronages*. »

A Fourmies et dans les centres industriels
de la région, la *Défense* avait des amis très
actifs, qui lui envoyaient les notes sur *les
bagnes*. Dans ses premières colonnes elle
publiait ou reproduisait des articles de
MM. Lafargue et Jules Guesde.

Le programme politique pouvait se résumer
ainsi : « *Révolution, bouleversement complet*

de l'organisation actuelle, prise d'assaut du pouvoir par les socialistes, dictature révolutionnaire et finalement communisme. Il était nettement exposé dans un article intitulé *le lendemain de la Révolution.*

« On ne peut faire entrer dans la tête de nos adversaires que la première chose à faire pour les socialistes est de prendre le pouvoir politique, et que les événements produiront ensuite d'eux-mêmes la constitution de *l'état communiste.*

« Maintenant, a dit Marx, on peut se demander quelle sera la forme que prendra l'État dans une société communiste. En d'autres termes, quelles seront les fonctions sociales qui survivront et qui auront de l'analogie avec les présentes fonctions de l'État. Entre la Société capitaliste et la Société communiste, il doit se trouver une période de passage révolutionnaire, l'une dans l'autre. A cette période de transformation correspond une période politique, dont l'état ne peut être que la dictature révolutionnaire du prolétariat.

« Ce n'est que dans les grandes agitations politiques qu'une société a pu s'écrouler, etc.

« Une dictature révolutionnaire, en d'autres termes *le parti ouvrier prenant le pouvoir par la force,* permettra seule une transformation de la société capitaliste en société communiste. »

Les questions de travail et de salaire étaient traitées d'une singulière façon. Dans les cas de grève, par exemple, on opposait volontiers au grand principe de la liberté du travail la mise en interdit, le *boycottage*.

« La Chambre syndicale (de Revin) ne s'émeut pas: elle se montre à la hauteur des difficultés... Elle vient de faire voter, par une assemblée générale, la résolution suivante, qui montre que le *boycottage* entre dans nos mœurs :

1° « Si des individus *désignés au pilori* entrent dans un café pour y prendre une consommation, tous les bons citoyen (les grévistes) seront tenus de sortir, à moins toutefois que le débitant ne refuse de les servir.

2° « Les perruquiers sont priés de ne plus faire la barbe ni les cheveux aux *renégats*, sous peine de perdre la clientèle des bons citoyens. »

On devait voir bientôt, — en 1891 — dans les grèves de Wignehies, le boycottage beaucoup plus rigoureusement appliqué aux travailleurs et aux commerçants. Quel progrès dans les idées et dans les mœurs !

X

A L'APPROCHE DU 1ᵉʳ MAI

Comme tous les organes du communisme internationaliste, *la Défense des Travailleurs* voyait dans le 1ᵉʳ mai 1891 le jour de LA GRANDE ÉCHÉANCE. Elle tenait suspendue sur « la vieille société en dissolution » la menace de cette déclaration de guerre « de tous les « les ouvriers du monde » aux gouvernements, au capitalisme, aux classes dirigeantes

« Le peuple ouvrier, disait-elle, a pris la mesure de ses forces, et il ne se passera pas longtemps — *attendez seulement le premier mai*, — que revenant à la charge, il ne vous oblige, cette fois, à « faire du socialisme » c'est-à-dire à garnir l'assiette vide dans laquelle vous prétendez lui donner à manger aujourd'hui .. »

« La peur galope les classes dirigeantes, à la seule annonce de la prochaine *revue internationale des forces ouvrières*. »

Un journal de Paris, prévoyant les dangers de certaines manifestations, avait dit : « Les « meneurs voudraient poser la question so- « ciale dans la rue. » M. Jules Guesde ré- pondait :

« C'est aller un peu vite en besogne. *La rue* viendra pour le socialisme, comme elle est venue pour le libé- ralisme et pour le républicanisme, mais à son heure.

« Pour l'instant, c'est devant les pouvoirs publics, *sous forme de sommation*, qu'il s'agit de produire les revendications du peuple ouvrier, opérant lui-même, devenu son propre organe. Et si, non **seulement** « malgré nos conseils », mais malgré la ferme réso- lution du prolétariat de ne pas sortir d'une légalité qui lui suffit, des conflits venaient à éclater, nous entendons en laisser la responsabilité aux plus pro- vocateurs des gouvernants qui, à l'encontre de Caus- sidière, n'ont jamais su que *faire du désordre dans l'ordre*. »

En ces quelques lignes se révèle toute la tactique des agitateurs qui ont exercé à Four- mies une si malheureuse influence : — exciter en ayant l'air de modérer et de retenir, pré- parer l'émeute en affectant de recommander le

respect des lois, et, par des *poussées* successives, savamment calculées. rendre les conflits
inévitables, en déclinant de longue date toute
responsabilité. en ne négligeant rien pour
s'assurer le bénéfice de *l'alibi.*

Les coups de force du parti révolutionnaire
pouvaient d'ailleurs avoir des chances de succès. On le faisait entendre. on comptait sur
des hasards plus redoutables pour la masse
des capitalistes que pour « l'armée de la
« faim ».

L'année 1892 s'annonçait « grosse d'événe-
« ments... »

« Un million de ménages ouvriers allaient
« être atteints dans leurs salaires, c'est-à-dire
« dans leurs moyens d'existence. par le retour
« de la France au système protectionniste et
« par les représailles des nations étrangères. »

Qui peut prédire, ajoutait M. Guesde, ce qui sortira
de ce coup de misère opérant sur des masses déjà en
partie disciplinées, et s'habituant de plus en plus à
voir dans le pouvoir politique *conquis révolutionnaire-
ment* le commencement de la fin de leur maux ? »

Des menaces à échéance fixe visaient direc-
tement les industriels de Fourmies et des environs. *La Défense* s'écriait, à propos d'une

7.

diminution de salaires sur laquelle, toutefois, elle déclarait ne pas être suffisamment
renseignée :

« Diminuez, diminuez, messieurs les capitalistes
fourmisiens! Vous semez le champ de la propagande
qui sera récolté par les socialistes. Le *premier mai*
approche. Vous jugerez plutôt, *chers brigands que vous
êtes!* »

Sous le prétexte d'activer le mouvement
syndical, elle renouvelait ses appels aux ouvriers de Fourmies :

« Allons, les endormis de Fourmies et environs, la
diane est sonnée! Réveillez-vous! Vous tous qui, tour
à tour et trop souvent, avez été victimes de la tyrannie
patronale et capitaliste!...
« Réveillez-vous enfin, vous qui êtes la puissance
universelle. Vous êtes le travail et la production,
vous engraissez vos maîtres et vous êtes les phtisiques,
les anémiques et les souffreteux .. Tout en étant tout,
vous n'êtes rien!...
« Et pourquoi?
« Parce que vous ne voulez pas... Vous êtes le
droit et la force, veuillez et vous pourrez!... »

Par les conférences autant que par le journal, les révolutionnaires préparaient *les
grands événements du Premier Mai*. Leurs correspondants et amis de la région fourmisienne

organisaient les réunions, communiquaient les avis, remplissaient les formalités légales, convoquaient les groupes, s'assuraient des dispositions de l'auditoire, gourmandaient les tièdes et les timides, entraînaient les hésitants. Au jour dit, Langrand et Renard arrivaient de Saint-Quentin, apportant la bonne parole.

Langrand avait de la verve, du feu, de l'originalité ; mais c'était un enfant terrible, intempérant, exubérant, débordant. Ses défauts peut-être autant que ses qualités devaient le rendre sympathique à l'auditoire qu'il venait haranguer. Il avait des allures de bon compagnon, donnant de vigoureuses poignées de main, tutoyant, riant, gouaillant, trinquant. Il était l'ami de tout le monde en malmenant tout le monde, disant parfois aux hommes de son parti de dures vérités, s'irritant, fulminant, puis s'attendrissant et prêchant la réconciliation, l'union fraternelle. Intelligent d'ailleurs, souple au besoin et capable de faire preuve d'habileté politique, comme dans cette réunion boulangiste de Saint-Quentin, où, après avoir adroitement ménagé MM. Dumonteil, Déroulède et Ernest Roche « le fin matois » qui se prétendait socialiste révolutionnaire, il disait :

« Du côté socialiste est la marche en avant.
« L'armée ouvrière a déserté notre camp pour
« aller au boulangisme; elle doit aujourd'hui
« comprendre son erreur et savoir que chez
« nous il n'y a ni couards ni poltrons. »

Étourdis par ce coup imprévu, les boulangistes ne protestaient pas.

Victor Renard était pour ainsi dire inséparable de Langrand; il le surveillait, il le serrait de près, sachant trop bien qu'à certains moments d'abandon l'enfant terrible pouvait laisser échapper d'étranges aveux. Par exemple, dans cette réunion boulangiste où il avait pris d'assaut la tribune :

« Il n'y a pas criait-il, que les opportunistes
« à chasser, il y a la bourgeoisie capitaliste
« tout entière, *c'est entendu, on lui en veut tant*
« *qu'on n'en fait pas partie!* Les affameurs, les
« exploiteurs, les accapareurs! »

On applaudissait de confiance; les derniers mots, lancés violemment et accompagnés de coups de poing, faisaient oublier la mordante raillerie de la phrase incidente : *c'est entendu, on lui en veut tant qu'on n'en fait pas partie !*

A Fourmies-Wignehies, c'est à la suite des conférences de Renard et Langrand que le socialisme révolutionnaire est entré dans la période d'action.

Culine avait pris la direction du mouvement.

Né à Sedan, le 6 mars 1849, Culine a longtemps exercé, soit dans sa ville natale, soit aux environs, l'état de serrurier mécanicien.

C'est un passionné comme Renard, mais entre ces deux hommes, également hostiles à l'organisation sociale actuelle, il y a de notables différences de tempérament et de caractère.

Renard, nature nerveuse que brûlera la fièvre, s'épuise dans la lutte: il n'a que la force intermittente et factice de l'exaltation. Nous avons entendu dire que, s'il combattait avec tant de vivacité, dans la presse et dans les réunions publiques, c'était plutôt par dévouement à sa cause que par ambition personnelle et que, très souvent aux prises avec les difficultés de la vie matérielle, il faisait cependant preuve de désintéressement.

Culine a la force corporelle; c'est un ouvrier robuste; le travail du fer et le feu de la forge ne l'ont pas débilité; sa vigueur s'y est plutôt développée. Trapu, un peu lourd de structure, mais pourtant alerte et adroit, les traits gros et fermes, la face large, avec le teint bistré et chaud du bilieux-sanguin, la barbe et la chevelure très noires et très touffues, l'œil ardent, l'allure résolue, il est évidemment l'homme du combat.

Sa jeunesse a été agitée; l'éducation militaire elle-même n'a pas dompté sa fougue: la discipline et les châtiments n'ont pu refréner ses instincts de révolte.

Au dossier de ce révolté, on a trouvé des condamnations pour désertion. Dans les réunions publiques et devant la cour d'assises de Douai, Culine a essayé d'expliquer pourquoi il avait abandonné son régiment, son drapeau.

La première fois, c'était en 1871, à Jailleux, près de Bourgoin. Un officier, a-t-il dit, l'avait brutalement frappé.

La seconde fois, c'était en Afrique ; il allait se retrouver sous les ordres de cet officier.

Malgré sa double faute, on l'employa dans le service des plantations algériennes. « D'ail-« leurs, a-t-il ajouté avec emportement, je

« pourrais bien ne pas m'expliquer sur ce point,
« je suis couvert par une amnistie ! »

Ce mot ne jette que trop de jour sur l'état moral de Culine ; il révèle une singulière conception du devoir, de l'honneur et de la responsabilité.

Par une contradiction dont les observateurs réfléchis ne s'étonneront pas, cet indisciplinable, qui ne peut supporter aucune autorité, est un rude autoritaire. Il a soif de domination. Incapable d'obéir, il veut commander, diriger. Dans l'état social, tout le gêne, donc tout est mal ; tout sera bien quand il pourra tout ordonner à sa guise. Pendant quelques années, ces aspirations sont vagues, elles prendront corps lorsque Culine, s'élevant au-dessus de sa condition première, et trouvant le terrain bien préparé, verra l'occasion *de jouer un rôle important.*

Qu'un honnête travailleur ait l'ambition d'arriver à une situation qui lui permette d'être utile aux classes laborieuses, rien de plus louable. Culine, intelligent, actif, entreprenant, aurait pu rendre des services aux ouvriers de son pays. Divers témoignages nous portent à croire qu'il en rendit de réels, au conseil des prud'hommes de Sedan, dont il fit quelque temps partie. Mais il lui tardait de sortir de ce milieu trop calme et de cette sphère trop modeste. Déjà il s'aventurait dans la politique militante, se mêlant aux luttes électorales, adressant des communications aux journaux, correspondant avec des personnalités révolutionnaires, s'occupant de l'organisation des réunions publiques, des conférences, des syndicats.

Ce ne fut pourtant pas dans son pays natal qu'il obtint le succès rêvé. En 1888, abandonnant sa profession de serrurier, il vint s'établir à Fourmies comme représentant de commerce. Le genre de *représentation* qu'il y pratiqua le mettait en rapports directs avec la population ouvrière. Il vendait à terme toutes sortes d'articles, et l'on a dit avec plus ou moins de raison « qu'il tenait beaucoup de « pauvres ménages par le crédit ».

L'instruction ouverte contre lui après les événements du 1er mai ne paraît pas avoir déterminé d'une manière précise l'époque où il commença sa propagande socialiste dans la région de Fourmies-Wignehies. Pendant plus de dix-huit mois il travailla sans bruit à se créer des relations et à étendre son influence. Ce fut seulement en janvier 1891 qu'il fit sa déclaration de domicile.

Alors le terrain lui semblait suffisamment préparé. Sous le prétexte de former un nouveau syndicat d'ouvriers lainiers, il avait constitué des *groupe d'étude*: on le nomma *secrétaire général*; il exerça enfin cette autorité dominatrice et directrice à laquelle il avait tant aspiré, il devint « le chef du mouve-« ment ». Dans son interrogatoire, à Douai, il disait avec orgueil :

« Les soixante premiers adhérents m'avaient « fait accepter les fonctions de secrétaire gé-« néral. J'ai fait mon devoir et tout a marché. « En un mois nous étions plus de quatre « cents, en six semaines mille ! »

D'après ses déclarations, Langrand et Renard auraient été les « initiateurs de la propagande ». « Mais, ajoutait-il, je connaissais ces citoyens, « et c'est parce que j'avais été en rapport « avec eux qu'on me demanda de présider la « réunion où ils devaient se faire entendre. »

Pour cette première réunion, l'explication est plausible, mais il est certain que toutes les autres, de janvier 1891 à la fin d'avril, ont été organisées par Culine. C'est lui qui a fait venir les *conférenciers*, lui qui a rempli les formalités obligatoires, lui qui s'est chargé des affiches et avis de convocation, lui qui s'est occupé de la constitution du bureau, lui qui a déployé le drapeau rouge sur l'estrade, lui qui a présenté les orateurs à l'auditoire, et qui leur a donné la parole après avoir exposé l'objet des réunions.

Ses relations avec Langrand et Renard avaient été plus actives qu'il ne le dit dans son interrogatoire. Dans quelle mesure collaborait-il à la *Défense des travailleurs*? Ne connaissait-il pas très intimement le ou les correspondants qui recueillaient les notes pour la *Revue des Bagnes*? Certains *appels aux ouvriers*. et certaines virulentes apostrophes « aux « endormis de Fourmies », à défaut de sa signature, ne portaient-ils pas sa marque de fabrique ? Les principaux intéressés mettront peu d'empressement à répondre à ces questions. Nous n'insisterons donc pas, et nous nous bornerons à rappeler ce mot d'un socialiste bien renseigné sur les trois points : « Le « camarade Culine a la rage d'écrire. »

Homme pratique *à s'mode*, comme on dit

dans le pays, Culine devait comprendre l'utilité de la presse spéciale, comme moyen de propagande. Le journal lui apparaissait comme un champ de combat. Il y voulait batailler et il y bataillait avec une impétuosité qu'il fallait souvent refréner.

Les difficultés techniques, les entraves grammaticales ne faisaient que l'irriter. A l'instruction qui lui manquait, il prétendait suppléer par la violence de l'expression et par cette phraséologie déclamatoire qui, devant son auditoire habituel, lui avait valu de trop faciles succès.

La lettre suivante, adressée à M. S., donnera une idée de son style, de son caractère et de sa manière d'envisager les questions sociales.

Monsieur

Au nom des groupes ouvriers de la région, je proteste contre l'abus commis par vous et vos collègues ; et prétendant trouver, parmi ceux que vous exploitez l'appui dont vous comptez seuls bénéficier.

Votre jour est bien mal choisi pour protester contre un projet de loi, qui n'apporte qu'un faible changement à nos demandes de revendications, mais ce jour laisse déjà loin derrière lui cette génération dont vous êtes les descendants et qui a oubliée que c'est dans le sang du peuple qu'elle a puisée la place de la noblesse; vous oubliez aussi qu'à pareille date (en 1871), la *Commune*, se décrétant gouvernement légal, était assasinée par cette bourgeoisie, aujourd'hui à la tête du pouvoir; et que, quelques jours après, qu'elle s'alliait avec tous les partis, même les Prussiens; pour mitrailler la masse ouvrière et créer la *Journée sanglante* qui valut à la France 50.000 travailleurs, que Mazas, le Père La Chaise, les Buttes Chaumont et Satory ont vu ruisseler de leur sang.

À cette époque, il y en avait de trop de ces revendicateurs, et ce que l'Empire n'avait pu faire avant sa chute, « l'exécution en masse », il appartenait aux soi-disant républicains de la faire; il fallait les supprimer. Aujourd'hui, le nombre a augmenté, il ne se chiffre plus; et, alors, vous appelez « amis » ceux qui ne seront jamais que vos ennemis parce que vous êtes leurs bourreaux. Quand vous traitez ainsi les ouvriers, que vous placez plus bas que l'esclave antique, vous oubliez qu'il a vécu des misères et des infamies créés par vous : et qu'il vit pour s'en souvenir. Vous avez assez tondu le mouton docile : le mouton devient loup et le loup affamé sort de son antre! Chaque fois que vous appelez vos ouvriers vos amis, c'est que vos intérêts sont en jeu.

Vous voulez plébisciter un projet de loi, qui n'aboutit pas même à donner satisfaction à la masse; vous voudriez bien les dix heures pour la femme et l'adulte, mais si il était possible de supprimer l'homme, toujours dans votre intérêt, et comptant, comme il se pratique en certains lieux, rétablir les droits féodaux, *y compris le droit de jambage*, on voit bien que vous êtes ou ignorants ou que vous vous abusez, usés que vous êtes de trop compter sur vos vieux moyens : car, la femme a plus souffert que l'homme, et, en créant le Citoyen qui aujourd'hui défend son existence : elle a pris avant nous la place qui lui appartient, pour lutter dignement pour la revendication de nos libertés trop longtemps méconnues, et, comme nous, elle vous méprise.

Vous avez usé de **tous** les moyens tous illégaux ; le dernier hiver a gelé les branches de l'arbre après lequel vous pensiez vous raccrocher ; mais cet arbre a la sève, celle qui ne tarit pas, celle du droit, de la justice, de nos libertés ; la sève c'est le Peuple, c'est la masse qui depuis trop longtemps nourri ses branches parasites « les exploiteurs », les faiseurs d'anges, la sacrée cléricafarderie, les vampires de la production : c'est à ceux-là qu'il n'appartient pas de protester contre une loi légale qui doit apporter à l'homme une garantie de travail, à la femme et à l'enfant, le labeur suivant sa force ; en attendant que l'un et l'autre soient complétement exclus du travail : l'une parce qu'elle se doit à son ménage et au soin d'élever ses enfants ; l'adulte, parce qu'il doit s'instruire et prendre force, pour pouvoir remplacer dignement ceux qui l'auront précédé Produis, tu mangeras, mais si tu vis au dépens du producteur, c'est le vol manifeste ; il n'y a pas de pire vol que celui de l'exploitation de l'homme par l'homme.

L'ouvrier de Fourmies et de toute la région ne sera pas assez ignorant, et il ne se rencontrera pas, j'en suis certain, un lâche pour sanctionner de pareilles élucubrations de patrons en retard d'un siècle, sauf sur la question d'exploitation, et tous, en masse et d'un commun accord, donnerons à cette absurde proposition le mépris qu'elle comporte.

Les délégués que désignerons les ouvriers dans chaque fabrique, ne seront pas ceux des patrons ; non mille fois non, ce sera une pétition collective protestant contre vos abus, nos délégués seront aussi présent le 1er MAI prochain pour rappeler leur droit à l'existence et toujours prêts à dire : Vivre en travaillant et mourir en combattant, »

Pour les groupes de la Région et par ordre.

Le Secrétaire : CULINE H.
Ancien Vice-Président du Conseil des Prud'hommes
de Sedan (Ardennes).

NOTA. — Il en sera donné publication.

Cette lettre, si caractéristique dans sa violence désordonnée, n'a probablement pas subi de trop nombreuses retouches. Il serait assez curieux de la comparer avec les « appels aux « endormis de Fourmies », — appels revus et corrigés — dont nous avons reproduit quelques extraits d'après la *Défense des Travailleurs*.

La *Défense*, publiée à Saint-Quentin, accordait une place aussi large que possible aux communications de ses correspondants fourmisiens ; mais assurément les socialistes de Fourmies désiraient avoir à leur disposition une feuille locale, et il dut être question, à plusieurs reprises, de créer « le journal du « parti ».

Le *Courrier de Fourmies*, ancien organe du *parti national*, accentuait alors sa nouvelle évolution. Son directeur-gérant. M. G. Delatte, avait toujours fait parade de zèle religieux. Après les dernières luttes électorales, tout en déclarant qu'il allait se placer, à l'avant-garde républicaine, il s'était tourné vers le socialisme chrétien. Longtemps il avait cru pouvoir attirer à lui les ouvriers catholiques ; il comptait sur les chefs de leurs comités, sur les organisateurs de leurs cercles, de leurs patronages, de leurs syndicats. Mais les conservateurs catholiques, instruits par de dures leçons, ne pouvaient plus accepter les services d'un auxiliaire dont les violences et les injures auraient compromis la meilleure des causes. Sous le titre le *Bien Public*, ils fondaient à Fourmies un journal spécial. Repoussant les avances et déclinant les propositions d'un homme avec qui toute solidarité leur paraissait désormais inavouable, ils constituaient leur rédaction, traitaient avec un imprimeur de Roubaix et établissaient leurs bureaux rue des Eliets.

Delatte est exaspéré de cet abandon qui lui semble porter une grave atteinte à ses intérêts. C'est contre le *Bien Public* que se déchaînent ses colères, c'est la rédaction de ce journal clérical qu'il harcèle de sa haineuse polémique.

Bientôt le catholique batailleur qui dirige le *Courrier de Fourmies* recherchera l'alliance des socialistes révolutionnaires. Il fait à Renard et Langrand, après leur conférence de janvier, des avances qui sont acceptées avec quelques réserves.

> « *Le Courrier de Fourmies*, dit Victor Renard, dans
> « la *Défense* du 25 janvier, a consacré deux colonnes
> « à notre conférence. Lui aussi, il est socialiste, seu-
> « lement il ne veut pas comme nous *exproprier* la
> « machine, il veut la *socialiser*, etc.
> « Nous pourrions quelquefois tomber d'accord, si
> « vous le voulez, confrère, la prochaine fois que nous
> « nous rendrons à Fourmies pour continuer l'œuvre
> « si bien consommée (*sic*) d'après vous; il faudrait
> « aussi mettre de côté votre *petit libéralisme catho-*
> « *lique*, avec lequel nous ne savons que faire. »

Delatte se montre de plus en plus dévoué. Les défiances qu'inspirent ses antécédents ne se dissiperont pas tout d'un coup. Il prête la publicité de son journal pour les convocations et pour les comptes rendus des réunions, il offre son imprimerie pour les affiches et les manifestes.

Le 21 avril 1889, il écrivait :

« *Nous-mêmes, au Courrier, nous n'avons* « *jamais été partisan de la Fédération des Syn-* « *dicats ouvriers, parce que nous n'y voyons* « *qu'une arme de guerre sociale, qu'un instru-* « *ment provocateur, qu'un outillage dangereux* « *aboutissant forcément à des luttes fratricides* « *entre les deux facteurs du travail.* »

En 1891, son objectif est précisément une FÉDÉRATION DES TRAVAILLEURS, dont son journal deviendra l'organe. Cette Fédération, il espère la tenir tôt ou tard dans sa main. Il exploite la crédulité de l'ouvrier, il attise sans relâche les haines contre les patrons et contre le capital, il représente, lui aussi, les ateliers fourmisiens comme des *bagnes* et il fait appel aux plus mauvaises passions.

A l'approche du 1er mai, ce catholique a pour collaborateur H. Culine, le même Culine qui, dans sa lettre à M... S... déclamait avec tant de fureur contre LA SACRÉE CLÉRICAFARDERIE.

XI

LES CONFÉRENCES

La campagne préparatoire des manifestations du 1er mai entre dans une nouvelle phase. Les journaux socialistes-révolutionnaires annoncent en ces termes une série de conférences :

GRANDES CONFÉRENCES
PUBLIQUES ET CONTRADICTOIRES
ORGANISÉES PAR LES GROUPES
Les Défenseurs du Droit et le 89 des Prolétaires
AVEC LE CONCOURS DES CITOYENS
PAUL LAFARGUE ET VICTOR RENARD
SUJET
*La Manifestation Internationale du 1er Mai
et ses Conséquences,*
Par le citoyen V. RENARD
L'Internationale des patrons et l'Internationale des ouvriers
Par le citoyen Paul LAFARGUE
Ces conférences auront lieu dans l'ordre suivant :

A WIGNEHIES
Le samedi 11 avril, à 8 heures du soir,
salle du bal, place de la Mairie

A FOURMIES
Salle du Théâtre Lempereur,
à 2 heures de l'après-midi, le dimanche 12 avril.

A ANOR
Le lundi 13 avril.

Le docteur Paul Lafargue va entrer en scène.

C'est l'homme ondoyant et divers.

Il se dit médecin et il a, en effet, des diplômes de médecin, conférés à Londres, mais il n'exerce pas la médecine. Il est journaliste à ses heures; il a publié, en collaboration avec M. Jules Guesde, des brochures sur la doctrine *marxiste*; il s'est fait entendre souvent dans les réunions socialistes, à Paris et en province. A Paris il n'a aucune influence et ne jouit d'aucune considération. En province, il suit M. Jules Guesde, qui lui laisse volontiers un regain de succès.

On a prétendu parfois qu'il avait un talent de parole souple et fin, qu'il trouvait des aperçus ingénieux, que son goût très vif pour le paradoxe donnait à ses conférences une piquante originalité, qu'il était capable de grands mouvements, qu'il savait passionner et entraîner un auditoire populaire. Par contre, on a dit qu'il n'était pas orateur, qu'il avait toujours besoin d'un lourd bagage de livres et de notes, qu'on pourrait l'appeler « le pédagogue du *marxisme* ». La vérité, c'est qu'il est un parleur retors, plutôt verveux et diffus qu'éloquent.

Il n'a rien appris à fond ; son esprit léger n'a pu s'appliquer à aucune étude sérieuse ; dans l'improvisation, il laisse même apercevoir fréquemment les lacunes de son instruction première ; mais il se complaît, devant des auditeurs ignorants, à faire parade d'une érudition factice, médiocre produit de la compilation hâtive. Paresseux comme un créole, il fait peu d'efforts pour varier le thème de ses conférences, et nous l'entendons presque toujours ressasser les articles extraits de ses journaux ou de ses brochures. Ce chanteur en tournée n'a que trois ou quatre airs dans son « rouleau » ; encore se ressemblent-ils tellement qu'on peut les prendre les uns pour les autres.

Ce n'est pas, assurément, que la souplesse lui manque. Mielleux, insinuant, cauteleux, félin, il *féminise* son socialisme. Il a souvent dit, d'ailleurs, dans l'intimité : « c'est par les « femmes que le clergé est puissant ; il faut « que nous ayons pour nous les femmes ! »

Si parfois il est violent, s'il excite le peuple ouvrier à la prise d'armes contre le capital et contre la bourgeoisie, s'il fulmine contre les obligations du service militaire et contre la

« tyrannique discipline » de l'armée, ses emportements sont voulus, calculés, C'est ce qu'il appelle « attaquer la Marseillaise du Prolétariat ».

En réclamant son concours, les organisateurs des conférences de Wignehies, Fourmies et Anor ne s'étaient pas informés de sa nationalité. Ils devaient savoir que, depuis plus de vingt ans, il était « l'homme de l'Internationale », et sans doute ce renseignement leur suffisait.

Cette question de nationalité n'a été débattue que plus tard, lorsqu'il s'est présenté à la députation dans un arrondissement de Lille.

Paul Lafargue est né à Cuba. Il est donc Espagnol ? Oui et non, suivant les circonstances. Lorsque le séjour de la France ne lui paraît pas sûr, il se réfugie de l'autre côté des Pyrénées. Il n'a pas tiré au sort, il n'a pas servi sous le drapeau français. Ses propres déclarations nous apprennent qu'en 1870-71, il correspondait avec des officiers prussiens. « C'était, dit-il, pour le salut de la France. » Les explications qu'il a fournies à la Chambre, sur ces points délicats, n'ont pu satisfaire que deux ou trois internationalistes. Ce qui est

8.

maintenant hors de discussion, c'est que ce Cubain, issu d'une ancienne famille bordelaise, et élevé à Bordeaux, n'a pas servi la France, qu'il a épousé la fille du prussien Karl Marx, fondateur de l'Internationale, et qu'il n'a réclamé la qualité de Français que lorsque l'intérêt électoral l'y a obligé.

En fait, il n'a pas de patrie, il se proclame citoyen du monde.

Toutefois, dans ses articles et dans ses conférences, il traite volontiers les questions de patriotisme. Il entreprend de démontrer aux travailleurs que la patrie n'est pour eux qu'un lourd fardeau.

« La patrie, dit-il, est une chose douce et agréable pour MM. les propriétaires et les capitalistes. Ils ont la jouissance de tout ce que *produit* la terre et les industries de la patrie, et ils s'en gorgent à se rendre malades.

« La patrie est lourde et rébarbative pour le travailleur : il ne la connait que par les fardeaux qu'elle met sur ses épaules. La patrie lui prend des années de son existence, elle l'emprisonne dans les casernes, le soumet à *l'abrutissante discipline militaire*. Il est bien heureux quand il peut rentrer dans ses foyers sans être estropié ou atteint de fièvres contractées au Tonkin, à Madagascar, ou ailleurs.

« La patrie met des impôts sur tout ce que mange

boit et se couvre (*sic*) le travailleur. Elle aide le capitaliste à l'exploiter, et pour tout remède aux maux dont l'accable la patrie, les philanthropes et les politiciens n'ont que l'émigration, l'abandon de la patrie. »

Ou bien, il s'arroge le droit de donner des leçons de patriotisme aux « classes dirigeantes ». Pour lui, les plus illustres citoyens français n'ont été que de faux patriotes. Il ne voit en Gambetta qu'un *déclamateur tonitruant*.

Dans un article où il prétend prouver que le retour de l'Alsace-Lorraine à la France serait une catastrophe pour nos industries, il accuse M. Thiers et M. Pouyer-Quertier d'avoir sacrifié le bien du pays à leurs intérêts personnels.

« L'annexion de cette province française, — la plus industriellement développée, — importait dans la ligne douanière allemande le plus terrible concurrent de l'industrie allemande. Les manufacturiers allemands furent désespérés de cette conquête militaire qui les ruinait.

« Si les industriels allemands ont grincé des dents lors de l'annexion alsacienne, les fabricants de Lille, Roubaix, Rouen et des districts cotonniers, ont été *dans la jubilation* de se voir débarrassés des concurrents de Mulhouse, Dornach et autres centres industriels de l'Alsace. M. Pouyer-Quertier, le grand cotonnier, a dû *trembler de joie*, en signant le traité qui

le délivrait des Dollfus et Cie. « Le père de la patrie »,
Thiers, a dû éprouver la même *agréable émotion* en
livrant à la Prusse les mines de l'Alsace, lui, un des
plus forts actionnaires d'Anzin ; la compagnie d'Anzin, une fois débarrassée de la concurrence des char-
bons alsaciens, a vu ses dividendes doubler et tripler.

« *Mais ce sont les fabricants de l'Alsace qui ont été
transportés au septième ciel.* Le traité de cession leur
ouvrait tous les marchés de l'Allemagne, leur con-
quérait un immense débouché, non pas aux colonies,
mais à leurs portes. Les pays d'outre-Vosges ne suffisant pas à leur boulimie de profits, ils ont transporté
en France une partie de leur outillage, *afin d'exploiter
les deux nations à la fois.*

« La perte de l'industrie alsacienne obligea la
France à développer son industrie pour combler le
vide. L'activité qu'il fallut déployer pour remettre en
équilibre le système industriel français a été si grande
que, tandis que l'Allemagne subissait une crise industrielle en 1873-76, la France, au contraire, était en
pleine prospérité. Tout le monde travaillait, les *bourgeois s'emplissaient les poches à crever.*

« Aujourd'hui l'outillage de la France est au grand
complet ; si on lui annexait brusquement l'outillage de
l'Alsace, qui a continué à se développer, tous les
industriels d'Allemagne n'auraient qu'un cœur pour
bénir le Boulanger qui leur ravirait leurs terribles
concurrents ; et les industriels français, qui déjà souffrent tant de la concurrence alsacienne-allemande,
malgré les tarifs douaniers qui les protègent, maudi-
raient le jour de la réannexion. »

Nous n'avons pas besoin de signaler les

nombreuses contradictions au milieu desquelles se joue l'esprit paradoxal et faux du docteur Lafargue : tout homme de bon sens les découvrira du premier coup d'œil. Dans ses conférences des 11, 12 et 13 avril, ce même Lafargue traitera, avec une désinvolture encore plus audacieuse, les questions de patriotisme, de gouvernement, d'autorité, de propriété, de travail, de devoir civique et de discipline militaire.

Ces trois conférences ne diffèrent les unes des autres que par quelques détails. L'ordonnance du discours est toujours la même :

Considérations sur la situation des serfs au moyen âge.

Comparaison entre le servage d'autrefois et celui d'aujourd'hui.

Conclusion : le serf, au moyen âge, était beaucoup plus heureux que l'ouvrier de notre temps dans les bagnes industriels.

Diatribes injurieuses contre les capitalistes, contre les patrons « fainéants, ivrognes, débauchés, pourris », bêtes malfaisantes dont il faut se débarrasser comme on se débarrasse de la vermine par l'emploi de l'insecticide.

Adjurations aux ouvriers lainiers de s'unir

aux mineurs *qui doivent bientôt déclarer la grève générale.*

Appel aux armes, pour une lutte plus ou moins prochaine, des travailleurs français, citoyens et soldats.

« Chaque fois que le docteur Lafargue entre« prend une tournée dans une région indus« trielle, *il s'enquiert de la situation générale et* « *de beaucoup de particularités :* » ce sont ses propres paroles dans le procès de Douai. En arrivant à Fourmies-Wignehies, il a fait son enquête : il sait qu'il est *en pays catholique.* Langrand, Renard, Culine, libres penseurs, ennemis jurés de la *sacrée cléricafarderie*, ont souvent commis la faute de froisser les sentiments religieux d'une grande partie de la population. Ce sont d'anciens ouvriers, dont la culture intellectuelle laisse beaucoup à désirer ; ils n'ont pas compris qu'il y avait pour leur cause un intérêt puissant à ménager le vieux mysticisme du Camberlaud, du Wallon, du Flamand, du Belge, à respecter, en apparence du moins, les croyances de la femme et son attachement aux pratiques de dévotion, à éviter enfin d'avoir dans le clergé des ennemis irréconciliables. Au début de son discours, le doteur Lafargue s'efforcera de réparer ces maladresses. Ce cubain-gascon, plus parisien que la plupart des bourgeois de Paris, a toutes les roueries de la civilisation raffinée. Après avoir ébahi son naïf auditoire par l'étalage de son prétendu savoir historique, il parle avec onction du rôle de la noblesse et du clergé au moyen âge. Il représente le baron, le prêtre, le moine comme les protecteurs du serf. « Alors dit-il, la condition du pauvre peuple était moins dure qu'on ne pense. En tous cas, elle était bien préférable à celle de l'ouvrier d'aujourd'hui « forçat condamné à travailler douze « ou quatorze heures dans une atmosphère « surchauffée, misérable esclave de ces deux « tyrans : le capital et la machine ».

Dans le procès de Douai, l'accusation lui a reproché, d'après un ensemble de témoignages concordants, de violentes excitations contre les patrons. Elle a particulièrement relevé les passages suivants :

« 1° Vous ne voyez jamais les patrons ; à peine si « vous les connaissez, car tout marche et se fait sans « eux. Ce sont des fainéants. Ils passent leur vie à ne « rien faire, à se soûler, car ils se soûlent, camarades ! « Ces gens-là sont donc inutiles. Et bien ! que fait-on « des bêtes inutiles ? On les tue.

« 5° Vous avez entendu parler des poux et des
« puces, animaux nuisibles pour lesquels on a inventé
« de la poudre insecticide. Et bien ! les patrons sont
« de cette race-là, et en cherchant bien on trouvera
« une poudre insecticide qui nous en débarrassera.

« 6° Ces gens-là ont des maladies affreuses. Ils ont
« d'abord la goutte, des maladies d'estomac, etc.,
« parce qu'ils ne travaillent pas ; puis je dois vous le
« dire et je le sais, étant médecin, ils sont pourris. Il
« ne faudrait donc pas les tuer : avec leur peau on ne
« saurait même pas faire des gants. Mais il y a du
« crottin à ramasser sur les routes, voilà ce qui leur
« sera dévolu. »

Il a contesté, dans son interrogatoire, l'exactitude des paroles rapportées par les témoins
de Wignehies ; mais ses réserves ont porté sur
la forme, beaucoup plus que sur le fond. Ses
explications, tantôt trop subtiles, tantôt dif-
fuses, embarrassées, pénibles, n'infirment nullement les témoignages produits à l'audience ;
elles n'ont fait que donner une triste idée de
son caractère. On les trouvera reproduites dans
le compte rendu *in extenso* joint à notre étude.
Sa culpabilité s'accuse dans tous ces détours,
plus qu'elle ne l'aurait fait par un aveu loyal
et une courageuse déclaration.

Dans un article de *la Défense*, du 22 mars, il
écrivait :

« LA JUSTICE ET TOUT SON ATTIRAIL DE JUGES, GARDES CHIOURMES, BOURREAUX, PRISONS, BAGNES ET ÉCHAFAUDS, N'EST ÉTABLIE QUE POUR DÉFENDRE LA VIE ET LA PROPRIÉTÉ DES CAPITALISTES.

À Douai, le 4 juillet suivant, il a devant cette justice bourgeoise une attitude sans dignité ; il ne sait qu'ergoter, *distinguer*, atténuer, chercher des échappatoires, en protestant à toute occasion de son respect pour le jury et pour la magistrature.

Il est tout miel, à l'audience, non seulement pour Messieurs de la Cour et Messieurs les jurés, mais encore pour Messieurs les patrons de la région fourmisienne. « Ce n'est pas lui, assurément, qui les a traités de bêtes inutiles, de fainéants, de pourris ; ce n'est pas lui qui a dit qu'on ne pourrait faire avec leur peau une paire de gants ; ce n'est pas lui qui a proposé de leur faire ramasser du crottin. De telles expressions ne peuvent être attribuées au docteur Lafargue. On aura mal entendu, mal compris. Il n'a pas d'hostilité contre les patrons, qui subissent comme les ouvriers les fatalités de la situation économique ». Il les connaît trop bien : il sait que la plupart sont d'anciens ouvriers, qui travaillent encore, ou qui, du moins, surveillent le travail. Il en a vu plusieurs, à Fourmies, il s'est entretenu avec eux, il a visité leurs manufactures, il a été étonné de la perfection de leur outillage et des conditions hygiéniques de leurs ateliers. »

Pourtant les témoins de Wignehies et d'Anor maintiennent énergiquement leurs affirmations. Ils ont assisté aux conférences, ils rapportent ce qu'ils ont entendu, ou plutôt ce qu'ils ont retenu. Le docteur Lafargue a proféré contre les patrons les injures que relève l'accusation; le docteur Lafargue a développé sa thèse favorite de l'expropriation des patrons ; après avoir exposé les conséquences de la grève générale des mineurs, et adjuré les ouvriers de l'industrie lainière de prendre part au « grand mouvement », il a dit :

« Les capitalistes, les bourgeois sont des exploiteurs, des voleurs, des fainéants, qui s'engraissent de nos sueurs et se vautrent dans l'orgie. Comparez donc la valeur du travail d'un ouvrier et d'un de ces patrons. Pendant que l'ouvrier gagne six francs, le patron ne gagnerait pas quinze sous. Ces gens-là sont des inutiles. On trouvera bien un insecticide pour s'en débarrasser, comme on se débarrasse des punaises et des poux !

« J'ai habité l'Angleterre et j'admire l'organisation des ouvriers anglais ; mais vous avez une supériorité qui saute aux yeux: vous savez vous servir du fusil, et quand il le faudra, vous vous en servirez !

« Votre jour viendra ! Voyez ces beaux châteaux, ces belles maisons. Qui les a faites ? Le maçon. Et ces superbes machines ? L'ouvrier mécanicien.... Ouvriers, tout est à vous, tout vous appartient !... Vous, tisseurs, quand vous avez fait une pièce d'étoffe, elle doit être à vous... L'usine appartient à l'ouvrier, la fosse au mineur, la terre au laboureur.

« Quand l'inévitable révolution sera accomplie, vous exploiterez tout vous mêmes. Vous nommerez vos gérants, vos directeurs, vos ingénieurs, etc..., puis vous partagerez en commun les bénéfices. »

Six honorables témoins sont d'accord pour rapporter ces propos, et leurs dépositions ne présentent que d'insignifiantes variantes. Elles sont toutes nettement, énergiquement affirmatives, tandis que celles des témoins à décharge sont généralement hésitantes, évasives.

Le défenseur de Lafargue accuse les six témoins à charge d'avoir répété « une leçon apprise » : il leur reproche de dire tous la même chose.

Oui, ils disent tous la même chose, parce qu'ils ont tous entendu la même chose !

XII

LA CROSSE EN L'AIR

L'accusation, dans le procès de Douai, reprochait au docteur Lafargue d'avoir dit aux ouvriers français qui assistaient à ces conférences :

« Puisque vous êtes tous soldats, maintenant, et
« que vous êtes exercés au maniement du fusil, lors-
« que nous serons prêts, vous saurez trouver des armes
« et vous en servir.
« Et vous, jeunes gens qui serez bientôt sous les
« drapeaux, rappelez-vous que vous devez lever la
« crosse en l'air et venir vous joindre à nous contre
« les oppresseurs ! »

Ces paroles étaient à peu près textuellement rapportées par les témoins de Wignehies et d'Anor. Le docteur Lafargue prétendait encore qu'on avait mal entendu, ou mal compris. Il avait voulu seulement parler des progrès du socialisme en Allemagne, et des craintes exprimées à ce sujet, devant le Reichstag, par M. de Bismarck et M. de Caprivi. Ces deux hommes d'État n'avaient-ils pas fait entendre que, dans les troubles civils, on ne pourrait compter sur la fidélité des soldats ?

L'orateur, en effet, avait parlé du socialisme en Allemagne et commenté les déclarations de MM. de Bismarck et de Caprivi. Les témoins de Wignehies et d'Anor le reconnaissaient, mais ils ajoutaient :

« Le docteur Lafargue a dit ensuite : « En « Allemagne, pour l'intérieur, on ne pourrait « plus répondre de l'armée. *Ce sera la même* « *chose en France. Le soldat français, si on* « *l'appelait contre ses frères, mettrait la crosse* « *en l'air.* »

Un de ces témoins terminait ainsi sa déposition :

« Un citoyen, un vrai, n'aurait jamais dû « dire des choses comme ça ! »

Dans la conférence faite au théâtre de Fourmies, le 12 avril, le docteur Lafargue avait dit :

« *Nous avons eu des jours de crosse en l'air,* *nous en aurons encore !* »

Le commissaire de police avait assisté à cette conférence. La phrase était textuellement reproduite dans son rapport. Il la répétait devant la Cour de Douai, ajoutant :

« Je remarquai qu'il y avait deux soldats dans la « salle; l'un de ces jeunes gens se retira aussitôt; « j'aurais dû signaler l'autre ; si je ne l'ai pas fait, « c'est pour lui épargner une sévère punition.

Au témoignage verbal et au rapport écrit de ce commissaire de police, il faut joindre un document qui n'a pas été produit à l'audience. C'est le compte rendu imprimé.

Ce compte rendu a été publié le 19 avril, sous la signature *un auditeur*, par le *Courrier de Fourmies*, et nous devons rappeler à ce propos : 1° que le *Courrier* était devenu l'organe des socialistes fourmisiens ; 2° que Culine, l'organisateur des conférences, était alors le collaborateur le plus zélé de ce journal.

L'*auditeur* constate d'abord, sans observations, que « le drapeau rouge flotte sur la scène ».

H. Culine propose à l'assemblée le choix du bureau ; puis le président, citoyen Millot, donne la parole à Renard de Saint-Quentin.

Ce *conférencier* fulmine contre « les armées
« permanentes, créées pour réprimer les re-
« vendications ouvrières et défendre les bour
« geois. » Il reproche aux membres du gouvernement français d'avoir sévi contre les nihilistes,
et de s'être faits ainsi « les valets du czar ». Il
exécute le député Guillemin et le sénateur
Maxime Lecomte ; il excite les ouvriers contre
les patrons qui « en salariant mieux les tra-
« vailleurs, ne pourraient plus se payer toutes
« leurs jouissances » ; il affirme que « c'est
« par les socialistes allemands que la revanche
« nous viendra ».

Le citoyen Lafargue constate avec satisfaction « les progrès du socialisme dans la région
lainière ». Il fait le procès de la bourgeoisie,
des patrons, du député Guillemin, de la république, et parfois on croirait entendre un agent
impérialiste en tournée de propagande.

— Il y a trente ans, dit-il —le compte rendu du *Cour-*
rier ajoute entre parenthèse *sous l'empire,* — vous
« étiez libres, ouvriers ! ... Mesurez le chemin
« parcouru, vous reconnaitrez que vous avez perdu
« une à une toute vos libertés dans le travail ; vous
« êtes devenus MOINS QUE DES FORÇATS, dans vos bagnes
« industriels !..

« Autrefois, quand l'ouvrier sortait de son travail,

« il retrouvait sa ménagère au logis ; maintenant le
« vampire industriel accapare tout, femmes et enfants,
« sur lesquels les patrons *et les contre maitres* exercent
« *le droit féodal* en en faisant leur chose. (*Bravos.* Le
« fruit du labeur des ouvriers sert à faire « des
« cocottes » au lieu de servir à alléger les misères
« des travailleurs. Aux patrons toutes les jouissances,
« aux ouvriers toutes les misères !

« Les républicains, sous l'empire, les Jules Favre
« et autres, ont travaillé à démolir l'empire, et nous
« avons eu la République ! Qu'a t'elle fait, cette Répu-
« blique bourgeoise, pour l'amélioration du sort des
« travailleurs?.. Ce qu'elle a fait ? Naguères les *petits*
« *besogneux* portaient leur argent aux caisses d'épar-
« gne, où ils recevaient de bons intérêts. Les bour-
« geois capitalistes se sont empressés de réduire le
« taux d'intérêt, pour attirer cette petite épargne dans
« leurs caisses à eux, et s'en faire pour eux-mêmes
« 15,20 pour cent et plus... »

« Le citoyen Lafargue, — empruntant l'un des
« articles du *Courrier*, — dit que le sort des petits
« commerçants est solidaire du sort des ouvriers : le
« nombre des faillites augmente de 1.200 chaque année

L'orateur invite les ouvriers de Fourmies à
manifester en masse le 1er mai. Il fait appel aux
femmes. il adresse ses remerciements aux
citoyennes qui sont venues. « La femme a plus
« d'énergie et de volonté que l'homme : c'est
« par la femme que nous arriverons au com-
« munisme. »

On verra. par le récit des événements, les résultats qu'ont eus ces excitations. Mais rien n'a été plus déplorable, au point de vue des conséquences. que l'effet produit, dans cette conférence du 12 avril, par l'incident de *la crosse en l'air*.

Le docteur Lafargue allait terminer son réquisitoire contre la bourgeoisie...

« Elle est condamnée. disait-il, elle doit « disparaître : sa fosse est creusée. il ne reste « qu'à l'y pousser! (*Bravos.*)

« Les meilleurs produits de la terre sont « accaparés par les bourgeois.

« La patrie, c'est la terre. En avez-vous une « parcelle, de cette terre pour la défense de « laquelle on vous arme ? Unissez-vous pour « la conquérir. et pour conquérir les machines, « au lieu de défendre cette terre dont les bour-« geois font leur chose exclusive. Nous avons « eu des jeteurs de crosse en l'air, nous en au-« rons encore ! »

Le *Courrier*, notant les effets, ajoute entre parenthèses et en italiques : *Frémissements dans la salle.*

Le docteur Lafargue a certainement lu ce compte rendu : il n'en a jamais contesté l'exactitude, il n'a pas demandé la moindre rectification. Sur l'incident de « la crosse en l'air », spécialement, il n'a formulé aucune réclamation, et il ne peut prétendre, cette fois, que ses paroles ont été mal entendues ou mal comprises. Un procès-verbal, avec le mot *approuvé* et les signatures Lafargue et Culine, n'aurait pas une plus grande valeur documentaire.

L'incident, nous ne saurions trop le répéter, a eu les plus déplorables conséquences. Depuis les conférences des 11, 12 et 13 avril, on a sans cesse dit aux ouvriers fourmisiens *qu'il n'y aurait pas d'embarras à faire ce qu'on voudrait*, que les manifestants auraient tous les droits et toutes les libertés, que la rue leur appartiendrait, que les troupes ne tireraient pas, que les dragons danseraient avec le peuple, que le 1ᵉʳ mai serait « un jour de crosse en l'air ».

On le leur disait encore, au moment de la catastrophe, après les sommations de la police et des officiers !

Cette catastrophe, les excitations de la presse socialiste et des conférenciers révolutionnaires la rendaient inévitable.

Une grève partielle avait éclaté, des tisseurs de l'établissement Staincq, Legrand et C⁰ʰ venaient d'abandonner le travail. Sous le prétexte de *concilier*, le *Courrier de Fourmies* versait du pétrole sur le feu.

« Tout cela tournera mal, disait-il. On a cru à la puissance patronale et à la faiblesse ouvrière !... Nous avons assez de fois prédit qu'on chercherait le remède trop tard...

« Tout va mal pour les patrons, ne cesse-t-on de redire ? Et cependant il en est qui jettent leur chapeau en l'air à chaque inventaire ! Nous en connaissons qui ont fait le 40 pour 100 !

Et il est des fabriques où le rabais va de 35 à 45 fr. par mois sur le salaire d'une famille !

N'est-ce pas provoquer les travailleurs à la grève et à la révolution ?

« Si le vol est le droit, la révolution sera le devoir. »

Dans le numéro du 12 avril, mis en vente le 11, c'est-à-dire *la veille de la conférence Lafargue*, paraissait un manifeste signé *un Fourmisien*. En voici quelques extraits. On remarquera que les petits commerçants eux-mêmes, *les bons patentés*, y sont l'objet de perfides insinuations.

CERCLE D'ÉTUDES

LA SOLIDARITÉ FOURMISIENNE

Citoyens électeurs,

« Dans l'état actuel de l'organisation sociale, il est
« indéniable que l'ouvrier est devenu la chose du
« patron.

« L'ouvrier n'est plus un homme, il n'est plus que
« l'accessoire obligé de la machine.

« Le pauvre diable gagne à peine le pain nécessaire
« à la subsistance de sa famille et fait des dettes chez
« le boulanger, chez le marchand de charbon, chez le
« petit commerçant, *toutefois quand les bons patrons*
« *consentent à lui faire crédit...*

« Peu à peu l'ouvrier se voit débordé : il se décou-
« rage et, désespérant de jamais se libérer, il se sui-
« cide, ou devient un malhonnête homme et s'enfuit
« en abandonnant sa famille, etc. »

Dans le numéro du 19, où la rédaction du
Courrier bataille à la fois contre la *Tribune du
Nord*, journal anticlérical et contre le *Bien
Public*, feuille catholique, la bourgeoisie fourmisienne est encore plus maltraitée que le
petit commerce. On appelle sur elle la colère
du peuple.

« Qu'on voit donc de drôles de choses, à Fourmies !...
C'est ainsi que notre bourgeoisie, *cœur gangrené*,

intelligence atrophiée, n'inspire plus aucun respect. *C'est ainsi qu'elle fait hâtivement mûrir la révolution vengeresse !* »

Le jour est proche où le *bourgeois* ne pourra plus s'aventurer dans la rue sans risquer d'y être insulté, menacé, blessé.

De misérables préoccupations d'intérêt personnel se trahissent à tout instant, dans les manœuvres et les écrits des excitateurs. Parfois, la question de boutique prime évidemment toutes les questions sociales. Le *Courrier*, dont la situation a été si longtemps précaire, croit que le jour de sa revanche est arrivé. Depuis qu'il s'est assuré la collaboration de Culine, il compte sur une grande partie de la clientèle ouvrière. Il a hâte de tirer de cette alliance tout le profit possible, et cherche à se débarrasser de ses concurrents par le *boycottage*. Pour lui donner complète satisfaction, pour le rendre maître de la place, on devra jeter l'interdit sur les autres journaux de Fourmies. Dans les conférences, dans les réunions publiques ou privées, dans les estaminets, on dira aux ouvriers : « Ces journaux-là *sont à l'index*, « il faut jurer de ne plus les acheter ! » Cette guerre à la bourse est encore plus âpre que la guerre aux opinions.

En échange des services commerciaux que lui rendent ses nouveaux alliés, le *Courrier* insère avec empressement leurs manifestes révolutionnaires, leurs attaques contre les patrons, — même contre les patrons catholiques, — leurs récriminations passionnées, leurs injures, leurs diffamations, et jusqu'à leurs plus absurdes racontars.

Sous la rubrique *la lutte pour la vie*, il fait dire aux ouvriers du tissage Flament :

« Nous demandons peu de chose : que nos patrons nous permettent de nous nourrir aussi bien que leurs chevaux !... Ils nous étrillent, ils ne nous nourrissent pas ! »

A une dame de charité, visitant les ménages pauvres, il prête cet inepte propos :

« Vous savez, il faut économiser ; *un ouvrier peut vivre avec six sous par jour !* »

Il se fait écrire par un *fileur* :

« Notre patron catholique avait acheté un vélocipède à son fils. Le bon papa, pour regagner le prix de sa machinette, passait tous les deux jours dans les métiers, infligeant des amendes quand il découvrait des *vrilles* dans les paniers. »

Toutes les armes étaient bonnes, pour cette campagne préparatoire du 1ᵉʳ mai, et les chefs du mouvement se gardaient bien de dédaigner le concours de la chanson. Le *Courrier* proposait une *Marseillaise ouvrière*, dont l'auteur avait au moins le bon sens de ne pas se faire connaître. Voici quelques passages de cet appel aux armes :

> Patrons de France et d'Allemagne,
> Contre nous, pour nous exploiter,
> Vous enrichir, nous affamer.
> C'est fini de mener campagne !.

. . . .

> Des ateliers on fait des bagnes,
> Et l'on dit que le capital
> Est le bon frère du travail.
> En abusant de nos compagnes !...

. . . .

> Pour conquérir quelques écus,
> Chasser la faim, faut-il se battre ?..
>   Syndiqués, compagnons.
>   Ensemble combattons !.. etc.

On avait aussi la *Chanson des huit heures*, que faisait vendre *le camarade Culine*...

> Les travailleurs de l'usine,
> De l'atelier, du bureau,

Ont des salaires de famine,
Sont réduits au pain, à l'eau.
    Oh! Oh! Oh! Oh!

C'est huit heures, huit heures, huit heures,
C'est huit heures qu'il nous faut
    Oh! Oh! Oh! Oh!

Le bourgeois qui fait bombance,
Qui mange de bons gigots,
Veut toujours remplir sa panse,
Pendant qu'nous rongeons les os..

La faim force nos compagnes
A laisser seuls nos marmots,
Pour aller douze heures au bagne,
Enrichir les aristos!

Les socialistes fourmisiens n'avaient donc
que l'embarras du choix; mais le *Courrier*
leur recommandait particulièrement la *Marseillaise ouvrière du 1ᵉʳ mai*, qui était sa propriété exclusive.

Enfin on se proposait de frapper le coup
décisif dans une dernière *réunion privée*. Cette
conférence eut un très nombreux auditoire.
C'est encore le *Courrier* qui nous en fournit
le compte rendu.

Le drapeau rouge flotte sur la scène. Culine
annonce à l'assemblée qu'il a appelé le citoyen

Renard, de Saint-Quentin, pour répondre à une conférence du Cercle catholique.

Renard fait le procès de la République bourgeoise. Il fulmine contre les patrons de la région lainière et contre la municipalité de Fourmies. Il engage les ouvriers à manifester en foule le 1ᵉʳ mai. Déjà il sait que, ce jour-là, des troupes viendront renforcer la police. « Mais, ajoute-t-il, *ne craignez pas la troupe;* « envoyez vos délégués à la mairie et, le soir, « dansez! L'an passé, il nous aurait fallu « danser au milieu des dragons : *cette année,* « *les dragons danseront avec nous!* »

L'auditoire applaudissait, comme il avait applaudi lorsque le docteur Lafargue s'écriait :

« *Nous avons eu des jours de crosse en l'air,* « *nous en aurons encore !* »

Aux ouvriers égarés par les déclamations révolutionnaires, on ne cessait de répéter « que les soldats n'obéiraient pas à leurs « chefs, qu'ils ne chargeraient pas, qu'ils ne « tireraient pas! »

Le 1ᵉʳ mai, *les égarés* essayaient d'abord de débaucher les soldats; puis ils les injuriaient et les menaçaient; enfin ils les assaillaient à coups de pierres et de bâtons et, toujours per-

suadés qu'il n'y avait *pas d'embarras*,— c'est-
à-dire pas de danger,—ils se ruaient sur eux
pour leur arracher leurs armes!

Tels sont les faits, que nous établirons
d'après d'irrécusables témoignages, quand nous
aurons raconté les incidents du 30 avril.

XIII

LES HUIT HEURES

Depuis 1890, l'industrie lainière traversait une période de crise. Elle avait dû reconnaître la nécessité de ralentir la production et, comme nous l'avons déjà dit, l'association des filateurs avait pris de sages mesures pour sauvegarder à la fois les intérêts des patrons et ceux des ouvriers. Mais des événements imprévus modifièrent ces dispositions. Le bill Mac-Kinley imposait aux exportations en Amérique des conditions extrèmement dures. Non seulement les droits d'entrée allaient être surélevés, mais encore les erreurs de déclaration seraient passibles de peines très graves et, dans les cas de contestation, un jury d'experts en douane, c'est-à-dire de fonctionnaires, prononcerait sans appel: les intéressés ne pourraient plus se faire représenter dans les expertises. Pour expédier aux États-Unis le plus grand stock possible de marchandises, avant l'application de ce régime draconien, les industriels de la région fourmisienne travaillèrent « à toute vapeur ».

Cette reprise des affaires était plus apparente que réelle et ne pouvait avoir qu'une courte durée. A la date fixée pour l'application du bill Mac-Kinley, le chiffre des exportations diminuerait considérablement pour plusieurs raisons : l'élévation des droits, les difficultés de douane et l'encombrement des marchés américains. Ce fut, en effet, ce qui arriva.

En pareil cas, quelques-uns de nos concurrents étrangers, dont on nous vante trop souvent « l'esprit pratique », auraient brusquement arrêté la production. En attendant l'écoulement des marchandises exportées, ils auraient fermé leurs usines, ou congédié une grande partie de leur personnel. En France, heureusement, les questions de travail ne se règlent pas encore avec cette brutalité. Nos industriels s'efforcent avant tout d'éviter le chômage; ils

font quelquefois de pénibles sacrifices pour
entretenir un courant d'affaires et assurer à
leurs ouvriers le salaire quotidien. La réduction
du salaire suit inévitablement celle de la production ; mais enfin le travail n'est pas complètement interrompu, et le gagne-pain supprimé.
En y mettant de part et d'autre la bonne
volonté nécessaire, on traverse l'époque de
crise, on arrive à la période réparatrice. Cette
méthode, évidemment plus favorable aux intérêts des ouvriers que les procédés cassants des
Anglais et des Américains, a souvent pour nos
industriels de graves inconvénients. Si la crise
se prolonge au delà de leurs prévisions, ils
glissent de plus en plus rapidement sur la
pente dangereuse. On a vu dans la région,
beaucoup de « liquidations malheureuses »
qui auraient pu être évitées par la suspension
du travail en temps opportun.

Au commencement de 1891, les industriels
de Fourmies, Wignehies, Sains, Anor, etc.,
croyant trop volontiers à une prochaine
reprise, continuaient le travail dans des conditions de moins en moins rémunératrices. Un
caprice de la mode rendait leur situation très
mauvaise : on abandonnait leurs articles clas-

siques, leurs *peignés* : la vogue était aux *cardes*, et, pour suivre le mouvement, il aurait fallu transformer les usines, changer le matériel et les procédés. De l'avis général, cette transformation était impossible. On attendait donc la fin de la crise, en restreignant peu à peu la production.

Les ouvriers se plaignaient de cet état de malaise. Dans beaucoup d'établissements, le fileur ne travaillait plus que 10 heures, au lieu de 12. Il se voyait obligé de réduire proportionnellement le salaire de son auxiliaire, le *rattacheur*.

De là un mécontentement qu'exploitèrent avec succès les agitateurs. Car, plus que tout autre ouvrier lainier, le rattacheur est accessible à leurs funestes suggestions. Si c'est un enfant, ou un adolescent, il a l'inexpérience, la crédulité et la malléabilité de son âge ; il se laisse facilement exciter et entraîner ; n'ayant pas encore conscience de la responsabilité, il fait sans hésitation le mal qu'on veut lui faire faire ; les faibles, les ignorants, les irresponsables vont tête baissée aux extrêmes. Si c'est un homme, s'il a passé l'âge où d'ordinaire on devient fileur, il souffre moralement de végéter dans une condition inférieure : il s'aigrit, il s'irrite et les excitations des révolutionnaires achèvent de l'exaspérer.

Pour les ateliers de tissage, la situation était encore plus pénible. Par suite du changement de la mode, de l'insuffisance et de l'irrégularité des commissions, un certain nombre de tisseurs se trouvaient sans ouvrage. D'autres, nous l'avons déjà dit, ne conduisaient plus qu'un métier au lieu de deux.

Le mécontentement grandissait. Au lieu de se rendre compte des causes de la crise, les ouvriers accusaient leurs patrons de mauvaise volonté ; et l'accusation était absurde, car il n'est pas admissible que, de parti pris, un industriel ralentisse ou réduise la production, tant que cette production lui donne un bénéfice quelconque. Ils ne voulaient pas croire au mauvais état des affaires : ils écoutaient bien moins volontiers le langage de la raison que les mensonges et les déclamations des perfides excitateurs qui, pour les pousser à l'émeute, leur disaient : « *Les patrons ont juré de vous faire manger des pierres !* »

Cependant, aux approches du 1ᵉʳ mai, un grand nombre de ces mêmes ouvriers, qui se

plaignaient de ne pas assez travailler, affec-
taient de réclamer la réduction des heures de
travail. Tous les jours, dans les rues de Fourmies, on entendait chanter :

> C'est huit heures, huit heures, huit heures,
> C'est **huit** heures qu'il nous faut !
> Oh ! oh ! oh ! oh !

C'était le mot d'ordre des meneurs révolutionnaires.

Cette question des heures de travail avait
été l'objet d'études sérieuses dans les réunions
de la Société du Commerce et de l'Industrie.
La moyenne de 10 heures aurait rallié la plupart des esprits pratiques, mais à la condition
expresse que l'obligation légale en fût garantie
par une entente des diverses nations intéressées. Il n'était pas admissible, en effet, que la
France seule votât cette obligation, et que, tandis que nos industriels ne feraient que 10 heures, leurs concurrents de Belgique et d'Allemagne eussent la liberté d'en faire 12 ou 14.
Dans ces conditions d'inégalité, qui auraient
fatalement influé sur les prix de revient, la
lutte contre l'étranger serait devenue impossible. Non seulement notre industrie lainière

aurait dû renoncer à l'exportation, mais encore, dans certains cas, elle se serait fait battre sur son propre terrain. C'est ce que le président de la Société du Commerce et de l'Industrie avait plusieurs fois démontré. A ses explications très nettes, dans la réunion du 10 mai 1890, il ajoutait ces déclarations loyales.

« Il n'est pas admissible non plus qu'on réponde aux ouvriers par des promesses dilatoires... C'est le moyen de n'aboutir à rien, sinon à des revendications violentes. Il faut, au contraire, éclairer les ouvriers sur la situation exacte de l'industrie ; il faut leur dire toute la vérité, et les amener, par de bons conseils, à formuler des demandes acceptables. »

L'assemblée, ce jour-là, donna son adhésion unanime à la résolution suivante :

« Les industriels de la région de Fourmies ont été de tout temps respectueux des lois qui réglementent le travail des ouvriers, et ont toujours placé au premier rang de leurs soins l'amélioration du sort des travailleurs.

« Ils l'ont prouvé en travaillant maintes fois au-dessous du prix de revient ; à l'heure présente encore, alors qu'une filature de 10.000 broches perd plus de 100 fr. par jour, le travail est de douze heures.

« Ils l'ont prouvé il y a trois ans quand, non contents de demander à l'administration une surveillance de plus en plus sévère pour le respect de la loi sur la durée du travail, ils ont eux-mêmes institué dans leur région une police qui, pour être paternellement appliquée, n'en est pas moins active et incessante, et porte ses fruits.

« Mais ces intentions toujours bienveillantes ne vont pas jusqu'à la faiblesse de conseiller aux ouvriers de demander le travail de huit heures.

« Ils pensent que la journée pourrait, avec grand profit pour la santé et la moralité de l'ouvrier, être diminuée dans une certaine mesure, et que le travail de nuit, des hommes comme des femmes, devrait être supprimé, mais à la condition qu'un accord international européen fît appliquer ces mesures chez nos voisins, notamment en Allemagne et en Belgique.

« A cette condition, et faisant le sacrifice de la compensation qu'une longue journée de travail, c'est-à-dire une production plus grande, peut nous assurer pour combattre le bas prix de la main-d'œuvre chez nos voisins, la Société Industrielle s'engage, non pas seulement à seconder platoniquement les efforts des ouvriers, mais à leur donner le plus énergique et le plus sincère appui auprès des pouvoirs publics.

A cet effet, elle charge M. Jules Hiroux, député de notre circonscription, de demander en son nom, au Gouvernement l'abolition radicale du travail de nuit, sauf pour les usines à feu continu, et la réduction de la journée de travail, sous la réserve qu'une convention internationale consacre ces mesures. »

Ces mêmes questions furent longuement débattues dans l'assemblée générale du 28 février 1891. L'entente internationale pour la durée uniforme de la journée de travail

paraissait toujours indispensable. A défaut
de cette entente, l'industrie française, seule
astreinte à l'obligation légale, se sacrifierait
elle-même, au profit des industries étrangères. La réduction de la journée, — même
la réduction à dix heures — grèverait infailli-
blement le prix de revient, et la loi se retour-
nerait contre les ouvriers qu'on aurait voulu
protéger.

La population ouvrière de Fourmies, celle
du moins qui observe, qui réfléchit, et qu'on
peut éclairer sur ses véritables intérêts, semblait comprendre les difficultés de la solution. Des industriels en qui elle devait avoir
confiance, et qu'elle considérait comme des
hommes de progrès, avaient dit au personnel
de leurs ateliers :

« Si notre industrie se bornait à alimenter l'intérieur, il n'y aurait pas d'inconvénients à ce que le
prix de revient du produit fabriqué fût augmenté,
puisque tous les industriels seraient sur le même pied.
Mais au dehors, sur les grands marchés étrangers, où
nous exportons près de la moitié de notre production,
nous serions forcément battus, ne fût-ce que par l'augmentation de quelques centimes du prix du tissu.

Ainsi un établissement de Fourmies fera du tissu
à 1 fr. 50 ; une usine située à Momignies (Belgique)
l'établira à 1 fr. 47, et le vendra au détriment du

nôtre à l'extérieur. Si nous voulions, pour lutter contre cette concurrence, vendre également notre produit
à 1 fr. 47, nous perdrions 3 centimes au mètre, ce qui,
pour un établissement de 8.000 broches et de 250 métiers à tisser, produisant 12.000 pièces par an, représente une perte annuelle de 36.000 fr., qui ne pourrait
être supportée qu'en diminuant à nouveau le salaire
de l'ouvrier, déjà atteint par la réduction d'un
sixième. »

La discussion fut reprise les 11 et 19
mars. A cette dernière réunion assistaient les
délégués ouvriers de cinquante-trois établissements. Le président les engagea vivement
à exprimer leurs idées avec une entière franchise. Il leur affirma, à plusieurs reprises,
que, quelles que fussent leurs opinions, ils ne
courraient aucun risque en les formulant sans
détours et sans réticences. Quelques-uns de
ces délégués prirent la parole et présentèrent
de judicieuses observations. On se mit d'accord sur l'ordre du jour suivant :

« Patrons et ouvriers, nous nous déclarons partisans d'une loi qui réduirait à dix heures le travail
journalier, *non seulement des femmes et des enfants,
mais aussi des adultes*, à la condition que cette
mesure soit le resultat d'une entente avec l'Allemagne et la Belgique. Cette entente, nous l'appelons
de tous nos vœux, et nous prions les pouvoirs

publics d'en prendre l'initiative dans le plus bref délai possible. Si elle ne peut se réaliser, nous demandons que les *restrictions* pratiquées en France restent *équivalentes* à celles qui seront en usage dans les nations précitées, surtout en Allemagne. »

Mais les meneurs du mouvement révolutionnaire avaient autre chose à faire que d'envisager le côté pratique de la question. Ouvertement hostiles à toute solution qui, en sauvegardant les intérêts des ouvriers et ceux des patrons, aurait assuré pour longtemps l'accord des deux parties, ils maintenaient en tête de leur programme la réduction obligatoire de la journée à *huit heures.*

Ces prétendus socialistes avaient traité d'utopie le projet de convention internationale pour la journée de dix heures. Pensaient-ils donc que, pour la journée de *huit heures,* cette entente internationale fût plus facilement réalisable? Ou bien avaient-ils quelques raisons de croire que, si la réduction à dix heures, devenant obligatoire en France, pouvait porter un coup mortel à notre industrie lainière, la réduction à huit heures aurait moins d'inconvénients et moins de dangers? Ils ne voulaient pas même y songer et surtout ils ne voulaient pas que la population ouvrière y réfléchit. *Huit heures! huit heures*, nous ne saurions trop le répéter, était le mot d'ordre, le cri de ralliement du socialisme révolutionnaire international

D'où était-il parti, ce mot d'ordre? De Londres, ou de New-York, ou de Berlin? En tout cas il est bon de rappeler aujourd'hui qu'au moment où nos ouvriers lainiers chantaient à tue-tête la chanson des *huit heures*, leurs concurrents allemands faisaient treize ou quatorze heures et ne s'en plaignaient pas. On les a vus, d'ailleurs, un peu plus tard et toutes les fois que nos troubles et nos grèves ont fait prendre aux commissions le chemin de l'étranger, redoubler d'activité et prolonger très volontiers la journée.

Dans les ateliers de Fourmies, la grande majorité des travailleurs avait trop de bon sens pour ne pas comprendre que la journée de *huit* heures ne pourrait être rétribuée comme celle de *douze*. Mais les auditeurs habituels des conférences organisées par Culine, les égarés et les fanatiques, fermaient l'oreille à tout raisonnement. Pour eux la journée de *huit heures sans réduction de salaire*, était le premier artiele du programme. C'était à ce cri de *huit heures! huit heures!* qu'ils devaient se grouper, manifester dans la rue et marcher sur la mairie. *On l'avait dit!*

Il faut connaître le pays comme nous le connaissons, pour se rendre compte de l'agitation que peut produire dans les masses ouvrières ce simple mot *on l'a dit!* courant comme une traînée de poudre.

On avait dit aussi que le 1er mai serait le jour de triomphe de la révolution sociale, et *on le croyait.*

XIV

DERNIERS JOURS D'AVRIL — ARRIVÉE DES TROUPES

Les programmes que Culine, à la fin d'avril, faisait distribuer ou distribuait lui-même, comprenaient d'abord l'énoncé des revendications ouvrières :

« Journée de huit heures, revision générale « des tarifs, abrogation des amendes et mal- « façons, etc., etc. »

Les délégués chargés de présenter ces revendications devaient être désignés « en assem- « blée générale des travailleurs », à 10 heures au café du *Cygne*, rue des Eliets. A 11 heures, ils se rendraient à la mairie.

La seconde partie de la journée serait consacrée aux réjouissances. A 2 heures et à

7 heures, représentations au théâtre Flavigny, sur la Nouvelle Place; à 8 heures, bals populaires.

Un appel était adressé aux patrons, pour les engager à laisser leurs ouvriers manifester librement et prendre part à *la fête du travail*.

Cette invitation était formulée en bons termes et avec une incontestable habileté. On s'autorisait de divers précédents, on faisait allusion à des coutumes locales, comme si le 1ᵉʳ mai, qui était autrefois la fête *de la jeunesse*, avait été à certaines époques la fête des établissements lainiers (1).

Au fond, c'était toujours la même tactique. En travaillant à soulever les masses contre toute autorité, on affectait de respecter les lois et les règlements, et Culine a pu dire, au cours des débats de Douai, « qu'il ne faisait rien sans « avertir ou consulter le commissaire de police ».

En dirigeant les plus violentes attaques contre la municipalité, on engageait les ouvriers à porter leurs revendications à la mairie. Après avoir représenté les ateliers comme des bagnes, et diffamé, injurié, vilipendé les indus-

_____

1. La fête des établissements lainiers a toujours été la Saint-Louis, 25 août.

triels, les directeurs des usines et les contre-
maîtres, on faisait appel à la bienveillance des
patrons. Avec toutes les formes de la politesse
et toute l'apparence de la douceur, on les
priait de n'opposer aucun obstacle à la manifestation projetée.

Le véritable but de la manœuvre était cependant visible. Il s'agissait de mettre les patrons
dans l'alternative de céder ou de résister. S'ils
cédaient, on chanterait victoire, et l'on pro-
clamerait qu'ils reconnaissaient le bien fondé
de toutes les revendications. S'ils résistaient,
on leur ferait un crime de cette résistance et,
en s'attribuant l'avantage moral de la modération, des bons précédés, on arguerait de leur
« hostilité » pour prêcher de nouveau la guerre
contre le capital.

A plusieurs reprises, Culine a affirmé qu'il
n'avait pas voulu une journée de trouble et que,
dans sa pensée, le 1ᵉʳ mai devait être la fête
joyeuse de la grande famille ouvrière. Nous
n'avons à examiner ici que les faits. Comment
admettrions nous qu'après avoir mis tant
d'acharnement à organiser la lutte violente, il
n'eût été animé, au dernier moment, que d'intentions pacifiques ?

A la fin d'avril, il était trop tard pour réparer le mal et rétablir le calme. Les excitations de Culine et des autres agitateurs avaient produit leurs résultats, les passions étaient déchaînées.

Les bandes de l'émeute se formaient. Elles ne se composaient que de quelques centaines d'individus, mais de tristes expériences nous ont appris à quel point peut être dangereuse l'action des minorités exaspérées, prêtes à tout. Les enfants et les femmes se laissent englober, entraîner, les déclassés accourent, et ce qui n'était d'abord qu'un groupe bruyant devient une foule furieuse.

Depuis quelques semaines, et surtout depuis les conférences des 11, 12 et 13 avril, on ne pouvait se faire illusion sur l'état des esprits. A tout instant se trahissait le désordre moral qu'avaient poussé à l'extrème les déclarations des socialistes révolutionnaires. L'attitude de certains ouvriers devenait de plus en plus insolente. Ces malheureux égarés n'avaient pas la patience d'attendre le jour où, suivant les promesses des meneurs, « le quatrième état s'emparerait du pouvoir et serait le maître souverain ». Par les propos grossiers, par les

ignobles chansons, ils engageaient les hosti-
lités. En sortant des cabarets, en parcourant
les rues, le soir, des groupes auxquels se mêlaient des filles et des enfants chantaient le
nouveau refrain :

> Tous les patrons
> Sont des cochons !
> Nous les pendrons
> Dans leurs maisons.

Il y avait une variante :

> Nous les pendrons
> Aux transmissions !

Les honnêtes travailleurs qui refusaient de
prendre part au mouvement étaient en butte
aux railleries et aux insultes de cette minorité
tapageuse, qui parfois ameutait contre eux les
femmes et les rattacheurs. S'ils demeuraient
calmes ou dédaigneux devant ces provocations,
on les traitait de lâches ; s'ils se plaignaient ou
s'irritaient, on les menaçait « de leur faire leur
« affaire, comme aux patrons, au jour du
« règlement des comptes ».

Dans la rue, et même dans les établissements, les industriels, les directeurs, les contremaîtres étaient bafoués, injuriés, menacés.

quelquefois le geste, odieusement significatif, suppléait à la parole. C'était, par exemple, l'index et le pouce sous le menton, ou la main traçant autour du col le cercle du couperet.

Tout bourgeois était « l'ennemi du peuple ». Le commerçant était voué aux avanies de la foule. On briserait les *vitrages*, on saccagerait les magasins.

Les industriels s'alarmaient, et l'événement a prouvé que ce n'était pas sans raison. Déjà plusieurs avaient envoyé leurs familles à la campagne. Ils faisaient de pressantes démarches auprès des autorités, insistant sur la nécessité de demander des troupes pour maintenir l'ordre, pour protéger les personnes et les propriétés, pour assurer la liberté du travail.

La municipalité de Fourmies aurait été bien coupable si, par imprévoyance ou par faiblesse, elle n'avait rempli les devoirs qu'imposait la situation. Elle se rendit compte des graves responsabilités qui lui incomberaient, et des réparations pécuniaires dont, en certains cas, la ville serait passible. Le 26 mai 1891, le maire, M. Auguste Bernier, disait en faisant

devant le Conseil municipal l'exposé de sa
conduite :

« Suivant des rapports très précis, la manifestation
menaçait de prendre, à Fourmies, un caractère qu'elle
n'avait pas eu l'année précédente. Si rassurantes que
fussent d'ordinaire la tranquillité et la sagesse de
notre population ouvrière, je devais tenir compte des
excitations des meneurs étrangers et des discours prononcés dans les réunions socialistes. Je devais aussi
me préoccuper des menaces proférées contre mes administrés et contre la propriété, à la suite des dites
réunions.

« Ce qui s'était passé le 2 mai de l'année dernière,
après le départ des troupes, à Roubaix et à Tourcoing,
ne me laissait aucun doute sur les responsabilités que
notre ville encourrait en cas de désordre. J'avais appris que, si je n'informais pas l'administration supé-
rieure des mouvements qui se produisaient à Fourmies depuis quelque temps, la ville serait seule responsable de ce qui pourrait arriver.

« Pour parer à de telles éventualités, je me rendis
à la sous-préfecture et demandai un escadron de cavalerie qui se tiendrait à deux ou trois kilomètres de la
ville. Comme lieu de cantonnement, j'indiquai Féron,
ajoutant que cet escadron se trouverait ainsi, en cas
de troubles, au centre de Fourmies, Wignehies, Sains,
Trélon, Glageon.

« M. le sous-préfet était de mon avis ; mais il était
informé qu'il ne fallait pas compter sur de la cavalerie ; on lui déclarait qu'il n'y en avait plus de disponible pour notre région. Il fit cependant de nouvelles
démarches, insistant pour qu'on envoyât de la cava-

lerie des Ardennes. On lui répondit que ce n'était pas le même corps d'armée, qu'il faudrait une autorisation ministérielle et qu'il devait se servir des ressources qui étaient à sa disposition à Avesnes.

Je lui en exprimai mes regrets, lui faisant observer que les baïonnettes et les balles tuent, tandis que la cavalerie peut disperser les attroupements avec promptitude et sans effusion de sang. « Ce qui peut arriver de plus grave, lui dis-je, c'est une contusion ou une foulure. »

« Ma correspondance en ce sens au sous-préfet est au copie de lettres de la mairie.

« J'exposai à M. le sous-préfet que la grande majorité de nos industriels, d'accord avec leurs ouvriers, voulaient travailler le 1ᵉʳ mai comme les autres jours et qu'ils entendaient être protégés. On ne contestait à personne le droit de manifester, mais ce droit impliquait aux termes précis de la loi, le devoir de laisser travailler les ouvriers qui ne voudraient pas chômer (1). »

Dans cet exposé dont nous venons de citer les principaux passages, on pourrait ne voir

1. A la suite de cet exposé le maire et les adjoints annonçaient qu'ils donnaient leur démission. Le conseil municipal vota un ordre du jour ainsi conçu :

« Dans sa séance du 26 mai 1891, le conseil municipal de Fourmies, à l'unanimité, se solidarise avec M. le maire et ses adjoints, approuve leur gestion, repousse énergiquement les accusations calomnieuses et intéressées dirigées contre eux ; s'incline devant leur volonté formelle de se démettre de leurs fonctions, mais les prie toutefois de rester à leur poste jusqu'à la liquidation du compte de l'année, d'accord en cela avec leur désir de présenter une situation absolument nette. »

qu'un plaidoyer du maire pour sa propre cause.
Mais nous avons sous les yeux la correspondance échangée entre M. Bernier et M. Isaac.
De plus, nous sommes à même de reproduire,
aussi exactement que possible, les conversa-
tions où le maire et le sous-préfet, — les 2[?]
et 29 avril, — examinèrent les mesures à
prendre pour assurer l'ordre.

Par une lettre du 18 avril, M. Bernier signalait au sous-préfet les grèves partielles qui
venaient de se produire chez MM. Ch. Flament
et Cie, Jacquot père et fils, Maillard et Cie,
Picot et Cie, Demoulin et Droulers.

Les ouvriers, disait-il, sont menés, travaillés et
poussés à la révolte par le sieur Culine, ancien vice-
président du conseil des prud'hommes de Sedan, le
grand organisateur des conférences socialistes qui,
depuis quelque temps, se succèdent à Fourmies.

Des conférences sont organisées par lui pour
aujourd'hui et demain; il serait difficile d'en prévoir
l'issue.

Tout en comptant sur la sagesse et le calme de
notre population ouvrière, je crois devoir vous signaler le petit nombre d'agents de la force publique en
ce moment à Fourmies. La brigade de gendarmerie
a envoyé deux gendarmes à Anor, pour la grève
de l'établissement Poulin, et se trouve réduite à
trois hommes pour Fourmies-Wignehies.

À la date du 21 avril, le sous-préfet, M. Isaac, écrivait au maire de Fourmies :

M. le commissaire de police m'adresse un rapport dans lequel il manifeste des craintes sur la journée du 1ᵉʳ mai.

J'ai l'honneur de vous prier de vouloir bien me faire connaître votre sentiment personnel sur cette question, et m'indiquer quelles seraient les précautions que vous jugeriez utile de prendre.

Le même jour, M. Bernier répondait par la lettre suivante :

Monsieur le Sous-Préfet,

La manifestation du 1ᵉʳ mai semble pouvoir prendre cette année, à Fourmies, une importance qu'elle n'avait pas eue l'an dernier. Tout en comptant sur la tranquillité et la sagesse habituelles de notre population ouvrière, je crois qu'il convient de se tenir prêt à parer aux circonstances qui pourraient se présenter, et qui ne seraient que les résultats des excitations des meneurs qui sont aujourd'hui dans notre région. J'ai demandé à M. Boussus, conseiller général, et à M. Ch. Belin, président de la Société Industrielle, leur avis à ce sujet. D'accord sur les mesures à prendre, nous estimons qu'il faudrait qu'Avesnes, ou Maubeuge pût nous envoyer, sur premier avis, les troupes nécessaires au maintien de l'ordre. *Il serait utile qu'un train sous vapeur soit tout prêt à les con-*

duire à Fourmies, comme cela s'est fait l'année dernière (1).

Il convient également que notre brigade de gendarmerie soit renforcée de quelques hommes.

En résumé, nous comptons sur un calme à peu près certain, subordonné toutefois à l'entraînement du sieur Culine et autres socialistes au drapeau rouge, de notre région.

Veuillez agréer, etc.

Le maire, A. BERNIER aîné.

Mais la situation s'aggravait, à la suite des conférences, et l'attitude d'un certain nombre d'ouvriers inspirait des craintes de plus en plus vives. Le 27 avril, M. Bernier adressait à M. Isaac un télégramme ainsi conçu :

Maire de Fourmies à Sous-Préfet, à Avesnes.

Pouvez-vous me recevoir aujourd'hui. Arriverai avec express 5 heures 20. Voudrais vous voir, ainsi que lieutenant de gendarmerie.

A 5 h. 1/2, M. Bernier était à la sous-préfecture. Il y trouva le sous-préfet et le secrétaire. Le lieutenant de gendarmerie n'y était pas. La conversation s'engagea en ces termes :

---

1. Le maire désirait donc que les troupes fussent envoyées à proximité de Fourmies, et non à Fourmies même. La phrase essentielle que nous soulignons a été omise dans la communication récemment faite par M. Isaac à un journal de Paris.

LE MAIRE DE FOURMIES.— M. le sous-préfet, je viens vous exposer nos craintes au sujet de la manifestation du 1er mai. Mes administrés demandent qu'on assure la liberté du travail, et que les ouvriers qui veulent travailler le 1er mai soient protégés contre les meneurs révolutionnaires.

Peut être n'y aura-t-il rien, ou de simples manifestations comme l'année dernière, mais les esprits sont surchauffés par les réunions publiques où, chaque fois le drapeau rouge est déployé, et où les orateurs, aux dires de M. le commissaire de police, sont de plus en plus violents. Dans les communes voisines, Wignehies, Sains, Trélon, Anor, les mêmes orateurs prêchent aussi l'anarchie, et soulèvent les ouvriers contre les patrons.

Je ne verrais pas volontiers la troupe arriver à l'avance. Ne pourriez-vous pas, la veille, consigner de l'infanterie à Avesnes, et de la cavalerie à Maubeuge, tenir un train sous vapeur dans les gares de ces deux villes, et, sur demande, le faire diriger vers les points où il y aurait urgence ?

LE SOUS PRÉFET. — Mais, monsieur le maire, il n'y a plus de cavalerie à Maubeuge. Dans cette ville on n'a que de l'infanterie, comme ici, à Avesnes.

LE MAIRE. — C'est bien regrettable ! Ne pourriez-vous pas, alors, demander à M. le Préfet de faire envoyer un escadron de n'importe quelle arme, qui arriverait la veille, à Féron par exemple, où il serait au centre des communes de Fourmies, Wignehies et Trélon? Ne voyant pas de troupes, les meneurs n'auraient pas de nouveau prétexte pour surexciter les ouvriers. A la moindre alerte, une partie de cet escadron se rendrait où son intervention serait demandée.

LE SOUS-PRÉFET. — Nous ne devons pas compter sur de la cavalerie ; il n'y en a pas de disponible. Sur vos instances, j'en avais demandé de l'Aisne, ou des Ardennes. Il m'a été répondu de la Préfecture que ce n'était pas le même corps d'armée, qu'il faudrait l'autorisation du ministre de la Guerre, et que nous devions faire avec la troupe à notre disposition à Avesnes.

LE SECRÉTAIRE. — M. le sous-préfet et moi, monsieur le maire, nous sommes de votre avis. Il faut croire que notre arrondissement, à l'extrémité du département du Nord, ne peut être aussi facilement protégé que les environs de Lille. En **tout** cas nous avons fait **tout** ce que nous avons pu pour vous procurer de la cavalerie ; nous regrettons de n'avoir pas réussi.

LE SOUS-PRÉFET. — C'est **ce** que je viens de dire à M. le maire.

LE MAIRE. — Je suis peiné d'apprendre que si le 1er mai, nous avons des troubles à Fourmies, nous n'aurons que de l'infanterie pour rétablir l'ordre. Car les balles et les baïonnettes, cela tue, tandis que les chevaux ne font que bousculer ou renverser les émeutiers. Un orteil écrasé, au pis aller une jambe cassée, ce sont des accidents peu graves, et dont on ne parle plus le lendemain.

LE SOUS-PRÉFET. — Je suis **bien** de votre avis, monsieur le maire, mais je ne puis que suivre les instructions qui me sont données.

En quittant le sous-préfet, M. Bernier le pria encore d'insister pour avoir de la cavalerie, ne fût-ce qu'un demi-escadron.

Le 29 avril, pendant que M. Bernier était à Saint-Michel, la dépêche suivante arrivait à la mairie de Fourmies :

Avesnes, 29 avril, 10 h. 35 du matin.

Sous-préfet à maire Fourmies.

Me rendrai aujourd'hui Fourmies, train 3 h. 1/4, en compagnie colonel 84ᵉ et lieutenant gendarmerie. Prière vouloir nous attendre pour conférer.

Rappelé par un télégramme de son adjoint, M. Goury, le maire de Fourmies revint dans un train de marchandises. Il trouva à la gare M. Goury qui lui apprit ce qui s'était passé en son absence. Le sous-préfet, le colonel du 84ᵉ et le lieutenant de gendarmerie arrivèrent de Wignehies, pour prendre l'express de 5 heures.

Le sous-préfet. — Monsieur le maire, nous vous avions télégraphié, vers 10 h. 1/2, que nous arrivions et que nous désirions vous voir; nous avons regretté de ne pas vous rencontrer.

Le maire. — J'avais quitté Fourmies ce matin, par le train de 9 h. 17, pour me rendre à St-Michel, où m'appelaient des affaires urgentes. Si je suis ici avant votre départ, c'est grâce au télégramme de M. Goury, que j'avais averti de mon absence, en lui laissant mon

11.

adresse. C'est aussi grâce à l'obligeance de M. le chef de gare d'Hirson, qui a facilité mon retour en m'autorisant à prendre un train de marchandises.

LE SOUS-PRÉFET. — Puisque vous n'étiez pas là, nous avons fait sans vous. Nous nous sommes enquis de la situation, et nous avons la conviction que quelques compagnies d'infanterie sont absolument nécessaires. Nous avons vu les emplacements dont vous disposez. Les écoles Victor-Hugo, avec la salle de gymnastique, sur la même place, paraissent convenir au logement de la troupe que nous allons envoyer.

LE MAIRE. — Mais, monsieur le sous-préfet, il n'y a donc pas moyen d'avoir un escadron de cavalerie, au lieu de cette infanterie? Je vous l'ai dit avant-hier, dans votre cabinet, les balles et les baïonnettes, ça tue, tandis que, la cavalerie disperse les attroupements sans accidents graves.

LE SOUS-PRÉFET. — Je suis obligé, monsieur le maire, de vous répéter que la préfecture m'informe qu'il n'y a pas de cavalerie disponible, pour notre arrondissement. Sur vos instances, j'ai demandé à M. le préfet, vous le savez bien, de la cavalerie de l'Aisne ou des Ardennes. Vous connaissez la réponse. On nous enjoint de faire le nécessaire avec les troupes d'Avesnes et de Maubeuge. Il n'est donc plus question aujourd'hui que des compagnies d'infanterie. *Vous devrez me les demander aujourd'hui même, par lettre officielle, ou bien prendre sur vous la responsabilité des désordres, violences, incendies, pillages, etc., auxquels on provoque vos ouvriers dans les réunions révolutionnaires.*

LE COLONEL DU 84e. — Soyez tranquille, monsieur le maire; avec quelques compagnies, l'ordre sera maintenu tout aussi bien que si vous aviez de la cavalerie.

LE MAIRE. — Monsieur le colonel, je n'ai jamais douté des soldats français, de n'importe quelle arme, mais j'ai l'intime conviction qu'en cas d'émeute, pour disperser la foule, un escadron de cavalerie est préférable à un régiment d'infanterie.

LE LIEUTENANT DE GENDARMERIE. — Je dois dire à M. le maire que nos précautions sont prises pour avoir 20 gendarmes à cheval (1).

Le train arriva en gare ; le sous-préfet monta en wagon, avec le colonel et le lieutenant. Sur le marchepied, M. Bernier fit de nouvelles instances pour avoir un escadron qui arriverait le 30 avril à Hirson et se tiendrait prêt à tout événement. Le sous-préfet répondit :

Ce n'est pas possible ; vous le savez. j'ai fait le nécessaire pour vous donner satisfaction. *Vous aurez deux ou trois compagnies d'infanterie, mais il faut me les demander aujourd'hui même par lettre officielle.*

Le maire fit un signe négatif. En rentrant à Avesnes, M. Isaac lui adressait ce télégramme :

29 avril, 6 h. 10 soir.

Sous-préfet à maire Fourmies

Veuillez m'adresser une demande écrite, demandant

---

1. Fourmies, le 1er mai, n'en a eu que 9 ; les autres ont été retenus sur d'autres points. La brigade fourmisienne de gendarmerie à pied a été envoyée à Wignehies, et remplacée à Fourmies par d'autres gendarmes à pied qui ne connaissaient pas la ville.

l'envoi de deux compagnies d'infanterie pour demain soir. *Il me faut votre lettre pour demain matin.*

Isaac.

A cette mise en demeure, le maire, effrayé des responsabilités qui lui incomberaient en cas de désordre, répondit, le soir même, à 7 h. 1/4 :

Monsieur le sous-préfet,

Vu l'état des esprits, que la réunion socialiste de ce soir ne peut qu'échauffer encore, j'ai l'honneur de vous prier de vouloir bien envoyer demain à Fourmies deux compagnies d'infanterie.

Cette mesure me paraît absolument indispensable pour assurer le maintien de l'ordre.

Veuillez agréer, etc.

A. Bernier aîné.

Et c'est ainsi que Fourmies, le 1er mai, a eu de l'infanterie, au lieu de la cavalerie demandée par la municipalité, et réclamée à la préfecture par le sous-préfet.

Nous croyons pouvoir dire que, cette fois, le débat est clos.

Le 30 avril, dès le matin, la situation paraissait fort inquiétante. La veille, au théâtre Lempereur, où flottait le drapeau rouge, les *confé-*

venciers Renard et Culine avaient eu un auditoire de 1.200 ouvriers. Leurs discours venaient
de raviver les haines et les colères. Sous le
prétexte de répondre à une conférence de
M. Thellier de Poncheville, Renard avait dit :

Il faut exproprier la machine des mains de ceux
qui l'exploitent injustement ; il faut *socialiser la
machine. (Bravos.)*

Toutes les machines sont sorties des mains des
ouvriers, qui les ont inventées, et aujourd'hui l'on
fait mourir de faim les travailleurs, en les attachant
à leur machines.

M. Thellier de Poncheville a eu des membres de sa
famille dont les têtes sont tombées sur l'échafaud
en 1793. Il ne peut oublier que ce sont les bourgeois
qui en ont fait des victimes de la révolution. Ce
sont ces mêmes bourgeois qui ont exproprié les nobles
pour se partager leurs dépouilles. Aujourd'hui ces
bourgeois du Tiers-État vont être forcés de faire place
au *quatrième état*, c'est-à-dire au *parti ouvrier. (Vifs
applaudissements.)*

Les patrons vous réduisent au rôle d'esclaves, en
accaparant et en monopolisant la machine. On m'a
dit, ce soir, que **quatre** grévistes avaient été arrêtés
par les agents de police, et qu'on leur avait pris l'argent de la souscription pour en faire je ne sais quoi.
Pourtant le maire a fait voter mille francs pour des
comédiens (1). Est-ce vrai ? (*Oui ! oui ! applaudissements.*)

1. Voici à quoi se réduisait le fait incriminé :
Sur la **proposition** du maire, le conseil municipal avait voté

Ils préfèrent, ces bourgeois, se payer un peu de musique *avec l'argent municipal*, quand ils ont la panse bien pleine, que de vous laisser ramasser un peu d'argent pour pouvoir donner du pain à vos enfants. (*Bravo ! bravo !*)

De son côté, Culine avait dit :

Est-ce que vous n'avez pas vu des religieuses du dehors quêtant librement dans Fourmies sans être suivies ni arrêtées par les agents de police ? Cependant on arrête les grévistes quêtant pour leurs familles. Voilà l'égalité devant les pouvoirs publics. En 48, le peuple demandait *du pain ou du plomb*; il nous faudra bientôt *du plomb*, puisque nous n'avons plus de pain ! (*Applaudissements répétés.*)

Ce fut au début de cette conférence que Renard, faisant allusion aux progrès des idées socialistes dans l'armée, annonça en ces termes l'arrivée des troupes à Fourmies :

« L'an dernier, il vous aurait fallu danser
« au milieu des dragons; cette année, les dra-
« gons danseront avec vous ! »

Le lendemain matin, l'agitation était très vive dans la population des ateliers. Il s'agissait, avant tout, de savoir si le 1ᵉʳ mai serait un jour de chômage général.

une subvention de 500 francs à une troupe de passage, à la charge pour cette troupe de donner une représentation populaire à très bas prix et une autre représentation au profit du bureau de bienfaisance ; ce qui avait été exécuté.

Quelques hommes de bon sens se disaient bien que la meilleure manière de « fêter le Travail », eût été de travailler, et que, pour ne pas perdre une journée de salaire, on aurait pu renvoyer la manifestation au dimanche. Oui, mais les chefs du parti révolutionnaire ne l'entendaient pas ainsi. La manifestation qu'ils avaient organisée devait avoir lieu partout le même jour. C'était, ils ne cessaient de le répéter, la grande revue des forces de l'Internationale.

A ce moment décisif, un grand nombre d'ouvriers fourmisiens hésitaient encore à chômer. Ils auraient voulu travailler au moins une partie de la journée. On aurait seulement pris quelques heures « pour aller voir ce qui « se passerait ». Fourmies, nous l'avons dit, est un grand village industriel : la curiosité de la foule y est presque aussi naïve qu'autrefois et, lorsqu'il doit y avoir *quelque chose*, on se laisse facilement entraîner à interrompre le travail. *Il faut voir !*

Les exaltés, qui recevaient le mot d'ordre de Culine, et que Renard venait de *surchauffer*, ne gardaient plus aucune mesure. Cette minorité bruyante prétendait faire la loi à la majorité tranquille et silencieuse. Elle considérait déjà les hésitants comme des vaincus, qui se soumettraient ou se rallieraient dès que paraîtrait probable le succès du mouvement. Les meneurs le lui promettaient, ce succès, ce triomphe du *Quatrième État*. « Il vous suffira « d'oser ! » disaient-ils. On osait et, pour commencer, on décrétait le chômage obligatoire. Quiconque ne chômerait pas serait un lâche et un traître !

Les industriels comprirent le danger. Ils se concertèrent et prirent le parti d'adresser un *appel au bon sens et à l'honnêteté* de leurs ouvriers.

Cet appel fut imprimé et distribué dans l'après-midi. Tous les patrons de la région, à l'exception d'un seul, avaient donné leur adhésion et leurs signatures. En voici le texte exact :

Considérant qu'un certain nombre d'ouvriers de la région, égarés par quelques meneurs étrangers, poursuivent la réalisation d'un programme qui amènerait à courte échéance la ruine de l'industrie du pays (celle des patrons et aussi sûrement celle des travailleurs),

Considérant que dans les réunions publiques, les excitations et les menaces **criminelles** des agitateurs ont atteint une limite qui force les chefs d'établissement à prendre des mesures défensives.

Considérant encore que nulle part les ouvriers n'ont été ni mieux traités ni mieux rétribués que dans la région de Fourmies.

Les industriels soussignés, abandonnant pour cette grave circonstance toutes les questions politiques et autres qui peuvent les diviser, prennent l'engagement d'honneur de se défendre **collectivement, solidairement et pécuniairement** dans la guerre injustifiable et imméritée qu'on veut leur déclarer ;

Et, au nom de l'intérêt de tous, *ils font un appel sincère à la probité et au bon sens des ouvriers honnêtes qui sont encore en grande majorité dans la région,* pour les mettre en garde contre les théories **révolutionnaires** des quelques meneurs à qui seuls peuvent profiter le trouble et le désordre.

N. BASTIEN et Cie.	FLAMENT et FILS
Ch. BELIN et Cie.	FRANÇOIS et Cie.
Eug. BERGER et Cie.	GUINOTTE et Cie.
L. BERNIER et Cie.	Louis HUBINET
BERTAUX-PROISY et BOURET.	HUBINET, HIROUX et Cie.
	JACQUOT P. et F. et Cie.
BONNECHÈRE, BRIATTE et Cie.	LANDOUSIE et Cie.
	O. LECLERCQ et Cie.
F. BOUSSUS	Paul LEGROS
Eug. BUISSART et Cie.	L. LEVASSEUR et Cie.
CAIGNIET, CROCHELET et Cie.	MAILLARD et Cie.
	Ch. MASSE et Cie.
Jules DELAHAYE	MICHEL et Cie.
H. DELLOUE et E. PAILLET	Armand PETIT et Cie.
P. DEMOULIN et E. DROULERS	PICOT et Cie.
	J.-B. POREAUX et Cie.
DYRY et Cie.	V. PROHON et Cie.
DOUVIN et Cie.	RÉAL Frères et MÉNARD
LES FILS DE TH. LEGRAND	ROSSETTE, JOURDAIN et Cie
Ch. FLAMENT et Cie.	STAINCQ, LEGRAND et Cie.

Dans l'après-midi les troupes arrivaient d'Avesnes. C'étaient des compagnies du 84 de ligne, sous les ordres d'un chef de bataillon. Une partie se rendait à Wignehies : le reste était dirigé sur les écoles de la nouvelle place (groupe Victor-Hugo). Vingt gendarmes à cheval avaient été envoyés. Onze, nous dit-on, étaient restés à Sains. Pour toute cavalerie, les autorités de Fourmies n'ont eu à leur disposition, le 30 avril et le 1ᵉʳ mai, que *neuf* gendarmes, sous le commandement du lieutenant Julien.

Par de nouvelles excitations, les chefs du mouvement révolutionnaire exaspéraient les ouvriers. Ils leur représentaient la circulaire des patrons comme un manifeste comminatoire.

« Vous voyez, leur disaient-ils, on vous me-
« nace d'une coalition qui vous réduirait sans
« pitié aux dernières extrémités de la misère.
« Les capitalistes qui vous tiennent comme des
« forçats dans leurs bagnes, s'engagent soli-
« *dairement et pécuniairement* à vous mater par
« la faim ! Ils vous font sentir qu'ayant les mil-
« lions et les machines, ils sont tout et peuvent
« tout, tandis que vous, misérables esclaves,
« vous ne savez que souffrir et gémir !... Eh
« bien, répondez à cette déclaration de guerre !...

« Criez que, si vous ne pouvez plus vivre en
« travaillant, vous voulez mourir en combat-
« tant! »

Renard n'était pas encore reparti pour Saint-
Quentin. Il prêtait à Culine un concours très
actif. On se rendit au bureau du *Courrier*, et là
fut arrêtée la rédaction de cette haineuse et
brutale réplique à la circulaire des patrons :

> Groupes ouvriers,
>
> La bourgeoisie et le patronat se liguent ensemble
> pour déclarer la guerre aux ouvriers conscients qui
> veulent revendiquer leur liberté et combattre les
> abus.
>
> Ils traitent nos orateurs socialistes et les défenseurs
> de leurs droits de meneurs, ils prétendent que nous
> leur faisons des menaces criminelles et que nous
> sommes des agitateurs.
>
> Ils ont l'audace de dire que tous les ouvriers sont
> traités comme des seigneurs et n'ont rien à redire de
> leur situation.
>
> Ils nous déclarent la guerre et savent s'unir comme
> des larrons pour se défendre, prétendent-ils, contre ce
> droit et ce devoir qu'ont les ouvriers de s'unir pour
> défendre leurs intérêts.
>
> Ils s'agitent parce qu'ils sentent le pouvoir prêt à
> leur échapper.
>
> IL FAUT leur prouver notre union ;
>
> IL FAUT leur faire sentir notre mépris ;

IL FAUT leur montrer que nous ne sommes pas les heureux de la terre ;

IL FAUT, pour le leur démontrer, fêter avec union, calme et dignité le 1er mai 1891.

LES GROUPES OUVRIERS.

Tirée à l'imprimerie du *Courrier*, qui était devenue *l'Imprimerie de la fédération des travailleurs*, cette violente riposte où se trahissaient les préoccupations personnelles des meneurs, fut aussitôt répandue dans Fourmies-Wignehies. On la colporta dans les cabarets où, toute la soirée et jusqu'à une heure très avancée de la nuit, les groupes socialistes tinrent leurs conciliabules. Les agitateurs allaient d'estaminet en estaminet, pour en faire la lecture et y ajouter leurs commentaires.

L'arrivée des troupes leur fournissait un nouveau prétexte à déclamations. Quoique Renard, dans sa conférence de la veille, l'eût formellement annoncée et que, d'ailleurs, depuis plusieurs jours, elle fût prévue de tous, ils jouaient la comédie de la surprise et de l'indignation. Ils disaient aux ouvriers :

« C'est encore une infamie! A la dernière
« heure, le gouvernement des bourgeois
« repus, des capitalistes despotes, lève le

« masque et vous montre qu'il met toutes ses
« forces à la disposition de vos exploiteurs,
« de vos ennemis. A nos justes et pacifiques
« revendications il oppose les baïonnettes. Il
« arme contre vous vos compatriotes, vos
« frères!... Quelle douloureuse surprise!...
« Mais n'ayez aucune crainte, citoyens! Ces
« soldats, ces frères, ouvriers pour la plupart,
« ne tireront pas sur des ouvriers français!
« Qui sait même s'ils ne feront pas cause com-
« mune avec nous? Il suffirait peut-être d'al-
« ler à eux, les bras ouverts, et de crier :
« vive l'armée! »

XV

LE MATIN DU 1ᵉʳ MAI.

A quatre heures du matin, deux groupes de manifestants parcourent les rues de Trieux-de-Villers. L'un s'est arrêté un instant au bas de la rue de la Montagne, en face de l'impasse du Chauffour; c'est là que demeure Culine. L'autre arrive par la rue du Fourneau; il rallie en chemin une vingtaine d'enfants.

Plusieurs des manifestants sont ivres, ils ont passé la nuit dans les cabarets. On frappe aux portes et aux fenêtres; on crie « vive la Sociale ! », on chante les carmagnoles.

Les deux groupes vont se réunir. Au moment où les cloches des établissements sonnent le premier appel, une cinquantaine de grévistes, déjà très excités, accourent par la rue du Fourneau, avec des filles et des rattacheurs. Des ruelles et des impasses du voisinage sortent des ouvriers qui se disposent à se rendre au travail. Les grévistes les arrêtent, les menacent, les injurient; quelques rixes se produisent. Un fileur, grossièrement insulté par un gamin de quinze à seize ans, saisit brusquement l'insulteur, et l'enlève la tête en bas. Des poches du gamin tombent des pierres et des fragments de brique. Avant cinq heures, le fait est incontestable. *plusieurs des manifestants se sont armés de pierres.*

Le mot d'ordre circule : — « On ne travail-« lera *nein* !... *On l'a dit* !... À la Sans-« Pareille !... À la Sans-Pareille ! »

La bande, qui s'est rapidement grossie, se dirige vers l'usine de MM. Jacquot père et fils. C'est un des établissements que la *Défense des Travailleurs* a le plus vivement pris à partie dans sa *Revue des bagnes*. La maison est très importante, elle occupe environ 450 ouvriers. Si l'on empêchait ce nombreux personnel de commencer la journée, l'effet produit serait considérable. C'est une première bataille à gagner: de là dépend peut-être tout le succès de la manifestation socialiste.

Culine est là : il est arrivé de la rue de la Montagne sous le prétexte « de distribuer les programmes de la fête ». Ce n'est pas lui qui, ostensiblement, entraîne les grévistes à la rencontre des travailleurs de la Sans-Pareille, mais c'est lui qui, de groupe en groupe, répand le mot d'ordre : « Manifestation générale ! Pas d'abstention ! »

Il faut qu'il obtienne le *chômage complet*, pour affirmer son autorité, et mettre les industriels dans l'impossibilité de prendre des mesures d'exclusion contre une partie de leur personnel. Aussi, la nuit précédente, a-t-il retenu sous sa main les chefs de file les plus actifs et les plus dévoués. A la première heure, il les a lancés dans toutes les directions, pour empêcher la rentrée.

A la Sans-Pareille, on a l'intention de travailler au moins une partie de la journée. Il en est ainsi dans presque tous les établissements de Fourmies. Plusieurs patrons ont annoncé que leur personnel pourrait prendre quelques heures, le soir, pour fêter le mai, et qu'ils paieraient la bière et les violons.

La gendarmerie à cheval, commandée par le lieutenant Julien, est appelée pour protéger l'usine de MM. Jacquot père et fils. Elle barre le chemin aux grévistes. Culine passe entre les chevaux et s'avance vers le lieutenant, en criant : « — Que faites-vous là ?... Est-ce que « les routes ne sont plus libres, aujourd'hui ? « On veut donc provoquer le peuple ? C'est « *l'honteur* de mettre sabre au clair devant « des femmes et des enfants! Oui ! je dis que « c'est *l'honteur* ! »

Le lieutenant, très calme, fait signe à Culine de passer au large. Peut-être, au milieu du tumulte, n'a-t-il pas compris les paroles que vient de lui adresser le chef des manifestants. La bande est très agitée et très bruyante. Culine la harangue et la fait ranger sur le trottoir. Les gendarmes entendent quelques mots : « *Ce n'est pas tout de brailler !* » La bande répond « vive Culine ! » et se retire dans la direction de la ville.

Près du pont du chemin de fer, un nouvel incident se produit: un braillard est arrêté par les gendarmes. Culine intervient, avec plus de calme que tout à l'heure, affirme que cet homme est inoffensif, et réussit à le faire relâ-

cher. Puis il quitte un instant la bande. Il doit,
dit-il, accompagner à la gare le citoyen Renard
qui, après avoir passé la nuit à Wignehies, va
repartir pour Saint-Quentin.

Des cris s'élèvent : « A Wignehies ! *Dallons* à Wignehies ! » C'est le nouveau mot
d'ordre. Une partie de la bande marche à la
rencontre des manifestants de Wignehies, qui
arrivent, dit-on, en très grand nombre, par la
route du tramway. Les enfants sont aux premiers rangs; viennent ensuite les femmes; les
hommes sont à l'arrière-garde. C'est la disposition prescrite pour toute la journée, *par ordre
supérieur*. On espère mettre ainsi les gendarmes et les soldats dans l'impossibilité
d'accomplir leur devoir.

Vers six heures, des manifestants de Wignehies franchissent la porte de l'établissement
Flament et pénètrent dans la cour. Une centaine d'ouvriers travaillent dans cette usine;
on veut les obliger à chômer. M. Flament,
ancien maire de Fourmies, chevalier de la
Légion d'honneur, proteste contre un acte
qu'il considère avec raison comme une violation de domicile.

— « Où allez-vous ? dit-il. Vous n'êtes pas

« ici sur la voie publique, vous êtes chez moi !
« Retirez-vous ! »

On ne l'écoute pas ; la bande crie et menace,
les enfants et les filles sont très animés.

Se sentant impuissant à défendre l'entrée
de ses ateliers, M. Flament fait demander du
secours à la mairie. Des gendarmes arrivent,
avec quelques soldats du 84°, et dégagent
l'établissement. Les manifestants se retirent
dans la direction de Malakoff, en cassant quelques carreaux à coups de pierres. Ils font
halte devant l'établissement des fils de Th. Legrand, chantent les refrains révolutionnaires
et brisent des vitres.

Les bandes qui viennent de Trieux-de-Villers sont de plus en plus tumultueuses. En
passant dans la rue Gambetta, elles saluent
de leurs applaudissements le journal de
Delatte et Caline. Puis elles descendent vers
la rue de l'Industrie, en criant : « Allons
délivrer nos frères ! »

A ce moment, le mot *délivrons nos frères!*
n'a pas encore la signification qu'il aura plus
tard. Il veut dire, en réalité : *empêchons les
camarades de travailler!*

Il faut le répéter, afin de bien démontrer

que la population des établissements lainiers ne voulait pas une journée de désordre, dans la plupart de ces usines, le personnel était à peu près au complet. Nous donnons, d'ailleurs, à l'appui de notre affirmation, un état fort exact des *présents* et *manquants*, le 1ᵉʳ mai, de cinq heures du matin à cinq heures du soir, dans vingt-cinq établissements de Fourmies.

Les manifestants de la première heure n'étaient qu'une infime minorité. Mais à cette minorité allaient se joindre des gens sans profession avouable, des étrangers que, depuis huit ou dix jours, on voyait rôder dans Fourmies, des fraudeurs qu'un redoublement de sévérité de la douane avait rabattus sur la ville, des gamins, des filles de carrefour et des souteneurs.

Malgré les excitations des révolutionnaires, la masse était restée attachée au devoir. Nous n'en saurions trouver de meilleure preuve que dans le fait suivant. Lorsque la cohue des braillards se pressait aux abords des usines, pour empêcher la rentrée, un grand nombre d'ouvriers, voulant avant tout éviter une collision, retournaient à leur domicile, ou se réfugiaient dans les estaminets du voisinage.

Dès que les braillards étaient partis, ces honnêtes travailleurs revenaient à leurs ateliers.

	TOTAL d'ouvriers employés le 1er Mai.	PRÉSENTS À 5 HEURES	MANQUANTS À 5 HEURES	PRÉSENTS À 9 HEURES	MANQUANTS	SORTIE HEURES
François	90	75	15	75	15	12 h.
Gunotte	83	63	20	45	38	2 —
Caronet	87	74	13	74	13	1 —
Progi	105	12	93	12	93	11 —
Stainoq	230	40	190	40	190	11 —
Demoulin	325	324	1	215	110	11 h. 1/2
Bernier	117	117	»	117	•	4 h. 1/2
Bertaux-Proisy	130	130	»	127	3	12 h.
Poreaux	120	98	22	98	22	2 —
Bossart	70	70	»	63	7	2 —
A. Petit	200	17	183	13	187	12 —
Levasseur	160	160	»	155	5	1 h. 1/2
Jacquot	450	450	»	»	»	9 h. 1/2
Douvin	83	30	53	30	53	2 h.
Divry	130	130	»	120	10	10 —
Démorgny	41	41	»	41	»	» »
Th. Legrand	350	200	150	200	150	5 h.
Masse	150	134	16	134	16	2 —
Flament	102	100	2	100	2	3 —
Delloue	115	114	1	114	1	6 h. 40
Prohon	80	80	»	80	»	7 h.
Ch. Flament	115	10	105	10	105	2 —
O. Leclerq	90	25	65	25	65	2 —
Jacquot (Fourneau)	118	»	118	»	118	» »
Ch. Belin	220	220	»	173	47	1 h. 10

C'était cette majorité de braves gens, que les meneurs socialistes voulaient, à tout prix et par tous les moyens possibles, « entraîner dans le mouvement ». Pour *délivrer* les travailleurs, c'est-à-dire pour les *débaucher*, les manifestants n'auraient pas hésité à faire irruption dans les usines. Les industriels, comprenant l'imminence du danger, téléphonaient à la mairie et demandaient du secours. On envoyait des patrouilles sur les points menacés.

A 8 heures 50, les 300 manifestants qui étaient allés à Wignehies revenaient, après avoir fait quelques stations dans les cabarets, et le tapage recommençait en ville. Mais c'était surtout à Trieux-de-Villers et dans la rue du Fourneau, que la situation s'aggravait. A la rentrée de neuf heures, des violences avaient été exercées contre les ouvriers et les ouvrières du Peignage Anglais (Demoulin et C⁰) pour les empêcher de reprendre le travail. Les insultes et les menaces avaient été promptement suivies de voies de fait. Il y avait eu des blessés. Un instant après, c'était l'établissement du Pont-de-Fer, qu'on allait attaquer et envahir. Au moment où les agresseurs allaient forcer la grille, M. Alphonse Staincq accourut et essaya de leur faire entendre raison. Il fut insulté, repoussé, frappé. Un furieux lui cracha au visage; une fille lui donna des coups de baguette. Cependant un ouvrier intervint en faveur de l'industriel outragé, et cria aux agresseurs : « Finissez! c'est une honte! »

La bande se porta sur la Sans-Pareille.

Quelques indications topographiques sont nécessaires pour expliquer la fatale bagarre.

La Sans-Pareille est dans un bas-fond, à droite d'une petite place en entonnoir (la superficie de cette place est de six à sept cents mètres). Le débouché sur la rue de Trieux est étranglé par une maison en retour d'équerre, l'estaminet d'Orient. A gauche, une impasse; du côté de la rue Sencier, des ruelles tortueuses.

L'usine était gardée par deux gendarmes à pied et par un détachement du 84° de ligne. Les manifestants s'opposèrent à la rentrée de neuf heures et demie, non seulement par l'injure et la menace, mais encore par les voies de fait. Les travailleurs qui revenaient de déjeuner se heurtèrent à cette bande; quelques-uns furent enveloppés et entraînés. Les soldats

regardaient, l'arme au pied; ils n'avaient pas
reçu l'ordre d'intervenir. Une jeune fille, se
glissant dans la foule, arriva jusqu'à la porte
de l'usine. Elle allait entrer pour se remettre
au travail; un gréviste la saisit par le bras,
lui fit faire brutalement volte-face, et la rejeta
au milieu des manifestants. Un gendarme
s'avança pour prendre cet homme au collet.
On se rua sur lui, en criant : « Enlevez-le! »
et la troupe de ligne allait être probablement
obligée d'intervenir pour le dégager. Des gendarmes à cheval, appelés par le téléphone,
débouchèrent par la rue Sencier. Conduits
*par le lieutenant Julien, et lancés sur une
pente rapide, ils accoururent sabre au clair,*
repoussant sur la petite place les manifestants
et la cohue des curieux, Il y eut alors un instant de panique; *tout le monde courait vers la
même issue.* Mais une partie de la bande
revint sur ses pas, criant, menaçant, bouscu-
lant les fuyards et augmentant le désordre.
Pressée dans un étroit espace, la foule s'exas-
péra, et une grêle de pierres tomba sur les
gendarmes. Le lieutenant, blessé à la tête et à
la main, dut faire exécuter une charge.

La place fut bientôt déblayée, mais il falfait disperser les groupes qui se reformaient dans les rues et les ruelles adjacentes. En poursuivant, dans la ruelle des Douze-Apôtres, les individus qui lui avaient lancé des pierres, le gendarme Palain, de Bavay, fut enveloppé. Pour appeler ses camarades à son secours, ou pour effrayer les émeutiers, il tira en l'air un coup de revolver. Plusieurs arrestations furent opérées.

De la Sans-Pareille, le lieutenant Julien téléphona à Avesnes, pour informer le sous-préfet de ce qui s'était passé et lui demander du renfort.

Culine était-il là pendant la bagarre ? Quelques personnes prétendent l'avoir aperçu, aux abords de l'usine, un instant *avant* la charge de gendarmerie. Dans son interrogatoire, il n'a pas nié le fait.

LE PRÉSIDENT A L'ACCUSÉ. — Vers 9 heures, vous alliez à la Sans-Pareille, où l'on voulait empêcher la rentrée ?

L'ACCUSÉ. — J'avais des programmes à distribuer. Il n'y en a même pas eu pour tout le monde. Cinq minutes après, je suis rentré chez moi ; j'y ai retrouvé le directeur du théâtre Flavigny, qui devait donner aux ouvriers une représentation gratuite, et qui peignait un transparent. Nous l'avons monté, ce transparent, pour l'illuminer le soir.

Voici donc deux faits établis : Culine était devant la Sans-Pareille, quand les manifestants accouraient pour s'opposer à la rentrée; lorsque les gendarmes furent obligés de charger, il n'y était plus. Puisqu'il exerçait sur les ouvriers socialistes une incontestable influence, pourquoi ne les avait-il pas détournés de porter atteinte à la liberté du travail? A cette heure il était encore « le maître », on acclamait en lui le secrétaire général des groupes, le chef du parti. C'était le cas de faire un énergique effort pour empêcher le désordre. Il pouvait au moins se placer devant les *exaltés*, et les adjurer de ne commettre aucune violence contre les camarades qui voulaient travailler. Au moment de la bagarre, il avait disparu !

Vers dix heures, on le retrouve à la tête des manifestants. Il a dit dans son interrogatoire : « C'est vrai, j'étais avec eux; ils étaient venus me chercher chez moi. » Les bandes se dirigeaient vers la place de la Mairie. On devait tenir une réunion au *Café du Cygne*, et nommer les délégués qui présenteraient les revendications ouvrières. Culine présiderait cette réunion préparatoire; d'une fenêtre de l'estaminet, il parlerait au peuple. Mais la foule était déjà fort agitée : la gendarmerie et la police prenaient les mesures d'ordre et gardaient quelques rues. Culine traversa la place et monta sur le perron de l'église. On le suivit, et un grand nombre de manifestants se massèrent sur les marches.

Une photographie prise à ce moment, d'une maison qui fait face, donne une idée aussi exacte que possible de la scène. Le secrétaire des groupes socialistes vient de commencer sa harangue; mais un incident se produit dans la Grande-Rue. La police essaie probablement de dégager les abords des escaliers. Tous les individus qui figurent sur le cliché photographique semblent porter leurs regards vers le même point. Au bas du perron, du côté de la Mairie, on peut reconnaître deux ou trois de ces filles qui, jusqu'à l'heure de la catastrophe, se feront remarquer par leur violence dans les bandes de l'émeute.

La gendarmerie intervient dans une nouvelle bagarre, à l'angle de la rue des Eliets. Deux arrestations sont opérées, l'une par les gendarmes, l'autre par le commissaire de police, les prisonniers sont conduits au poste. Du perron de l'église partent les cris : « Il faut « les délivrer! Est-ce qu'on les laissera emme- « ner à Avesnes?... Non! non! ce serait une « lâcheté! »

Plusieurs témoins affirment que ces mots *Non! ce serait une lâcheté!* ont été dits par Culine. Le chef des groupes socialistes prétend, au contraire, qu'il s'est efforcé de calmer l'irritation de la foule: « mais, depuis la « veille, ajoute-t-il, j'étais très enroué, je ne « pouvais pas me faire entendre. » Il convient que peut-être il a parlé de ne pas laisser emmener les prisonniers, mais en proposant de demander pacifiquement à la mairie leur mise en liberté.

Il descend du perron, va trouver le lieutenant Julien; lui reproche vivement *d'avoir fait charger les derrières de la foule*, et s'écrie: — « Si vous continuez, on s'écrasera, sur cette « place!... Vous serez responsable des acci- « dents qui arriveront... C'est *l'honteur de* « traiter ainsi le peuple! » — Puis, s'adressant au commissaire de police, M. Ruche, qui est revenu de la Mairie, il lui demande l'autorisation de tenir une réunion *sur la place*. M. Ruche répond que la déclaration a été faite pour le *café du Cygne*, et qu'il ne peut prendre la responsabilité de l'autorisation demandée.

Devant l'église et dans la Grande-Rue, la foule est de plus en plus menaçante. Un grand nombre de manifestants ont leurs poches pleines de pierres ; quelques-uns sont armés de bâtons.

Voyant l'agitation augmenter sans cesse, et la manifestation tourner à l'émeute, le lieutenant Julien a téléphoné de la mairie au sous-préfet, pour lui communiquer ses craintes, et le maire, sur la demande et sous la dictée de cet officier, appuie la communication par une dépêche ainsi conçue :

Confirme demande faite par téléphone. Envoyez urgence renforts, deux compagnies au moins. Gendarmerie et troupes insuffisantes. Lieutenant gendarmerie débordé, réclame renfort au plus tôt.

Le sous-préfet répond qu'il arrivera à Fourmies, avec le procureur de la République, par le train de midi 52. Il ajoute que, dès la première communication du lieutenant, il a demandé à Maubeuge quelques compagnies du

145° de ligne, pour Fourmies et Wignehies.

Culine est remonté sur les marches de l'église. Autour de lui on ne cesse de crier : « Les prisonniers ! Il faut délivrer les prisonniers !... Nous ne sommes pas des lâches ! Vengeons nos frères ! En avant ! A la mairie ! »

Il prétend qu'il a encore essayé d'apaiser ces colères. Voici les aveux qu'il a faits dans son interrogatoire .

« C'étaient toujours les mêmes cris : *Il nous faut les* « *prisonniers* ! Je dis qu'on ne les abandonnerait pas. « *que ce serait lâche de les oublier*, mais qu'il fallait « faire demander pacifiquement leur libération à la « municipalité. J'essayais toujours de calmer. je « tâchais de gagner du temps ; j'aurais voulu empê- « cher les désordres. je n'ai pas pu, c'est malheu- « reux ! »

Ces mots, *je n'ai pas pu, c'est malheureux !* sont l'explication la plus nette des douloureux événements dont nous avons déjà exposé les causes. Pendant plus de trois mois, Culine et les autres chefs du parti révolutionnaire avaient attisé les haines; dans leurs journaux, dans leurs conférences, dans leurs estaminets, ils avaient promis pour le 1er mai 1891 le triomphe du *quatrième état* et la *liberté de tout faire,* sous le regard bienveillant de la troupe. A l'échéance de ce 1er mai, qui devait être *un jour de crosse en l'air*, les passions étaient déchaînées, et Culine se sentait impuissant à les refréner.

Cet ignorant, cet indiscipliné, s'était cru capable d'éclairer les masses et de les diriger ; il avait eu l'ambition de jouer un grand rôle dans le mouvement socialiste. L'heure venue, il n'était que *chef d'émeute*, et lorsqu'il voulait s'arrêter, les émeutiers l'obligeaient à marcher.

Tandis qu'autour de lui se pressait la bruyante cohue, étonnée et peut-être irritée de ses hésitations, une partie de la population ouvrière, — celle qui, réprouvant le désordre, attachait une réelle importance à l'exécution du programme primitif, — portait ses revendications à la municipalité. Les délégués des établissements lainiers étaient reçus, par le maire, M. Auguste Bernier, et par un adjoint, M. Goury, avec tous les égards dus à d'honnêtes travailleurs. Voici, pris au hasard dans le dossier, quelques spécimens des demandes formulées par ces délégués :

Filature Picot et Cie.

Délégués : Audin (Louis), Potier (Omer), Bousies (Emile), Bombled (Lucien), fileurs.

Journée de travail de *huit* heures ; paiement du salaire tous les *huit* jours ; augmentation du salaire 10 0/0 ; création d'une bourse du travail ; suppression des octrois ; heure unique, basée sur l'heure de la Ville, pour la rentrée dans les établissements.

Tissage Fils de Théophile Legrand.

Délégués : Langrand (Michel), Lépine (Germain), Taviaux (Léon). Druesne (Zéphirin), tisseurs.

Journée de travail de *huit* heures ; bourse du travail et suppression des octrois. Les ouvriers se plaignent que les réductions de façon ne soient pas portées à leur connaissance.

Filature et tissage Jacquot père et fils.

Délégués : Delcroix (Vital), Cocher (Camille), Loze (Henri), tisseurs ; Lefèvre (Aimé), fileur.

Journée de travail de *huit* heures ; augmentation des salaires.

Filature Douvin.

Délégués : Desson (Emile), Gravet (Léopold), Moulin (Joseph), Vallet (Jules), fileurs.

Journée de travail de *dix heures* ; entrée à 6 heures du matin et sortie à 6 heures du soir ; trois quarts d'heure pour déjeuner, une heure pour dîner, un quart d'heure de tolérance pour les retardataires ; paiement des salaires tous les samedis ; augmentation des salaires, 10 0/0 ; heure unique pour la rentrée des établissements ; suppression des rabais et amendes ; bourse du travail.

Filature A. Petit et Cie.

Délégués : Decisy (Pierre), Jouniaux (Jérôme), Brihaye (Louis),Dupré (Octave), fileurs.

Journée de travail de *dix heures*, de 6 heures du matin à 6 heures du soir, 1 heure 3/4 pour les repas, 1/4 d'heure de tolérance pour les retardataires ; heure unique pour la rentrée, basée sur l'heure de la Ville ; augmentation des salaires, 10 0/0 ; paiement tous les huit jours.

Devant la municipalité, l'attitude des délégués était très correcte. Né dans le « village » et lié d'amitié avec la plupart des anciennes familles, M. Auguste Bernier, membre du conseil municipal depuis dix-sept ans, et trois fois investi des fonctions de maire, pouvait croire que sa parole aurait encore quelque autorité sur les véritables travailleurs. Il leur recommandait le calme, le respect de l'ordre, et recevait de tous de rassurantes promesses.

Culine, après avoir péroré sur la place et au café du *Cygne*, se présenta avec une des délégations. Il prétendait donner aux revendications ouvrières la forme, plus révolutionnaire et plus solennelle, disait-il, des cahiers de 89.

En inscrivant son nom, le maire lui demanda :

« — Quel établissement représentez-vous ?

« — Je représente la masse, je suis le secré-
« taire général des groupes ouvriers.

« — Mais quelle est votre profession ?

« — Représentant de commerce.

« — Nous recevons en ce moment les délé-
« gués des ouvriers lainiers. Vous n'êtes pas
« ouvrier lainier, veuillez vous retirer. »

Culine protesta, disant que c'était évidemment un parti pris de la mairie de méconnai-
tre ses droits et qualités, qu'il savait à qui
adresser sa plainte, et que *cela ne se passerait
pas ainsi*. Puis, entrant dans une salle voisine,
il se mit à rédiger sa protestation. Le lieutenant de gendarmerie vint lui intimer l'ordre
de sortir. Il redescendit sur la place et, y re-
trouvant Delattre, il alla avec ce journaliste
raconter dans les estaminets qu'on l'avait brutalement expulsé de la maison commune, que
le parti ouvrier venait d'être insulté en sa personne, « que tôt ou tard cela se paierait ! »

Entre onze heures et demie et midi, l'agitation de la foule semblait se calmer. Quelques
commerçants étaient venus sur la place. Ils
ne pensaient pas que, le 1er mai, la circulation
sur la voie publique fût interdite à certaines

classes de citoyens. Pourtant l'exclusion était rigoureuse. Toutes les colères soulevées contre *le bourgeois* éclataient ce jour-là. Les chapeaux de haute forme, salués d'abord du cri *à bas les bottes !* risquaient fort de recevoir des pierres, ou des coups de bâtons. Une vieille dame et une jeune fille myopes étaient grossièrement apostrophées, l'une à cause de ses lunettes, l'autre à cause de son lorgnon. — « *En bas les quinquets !* » Dans l'après-midi, un forgeron de Rocquigny, M. Grimond, descendait de **la** gare en chapeau haute forme, redingote et gants noirs. Il revenait d'un enterrement. Son costume de deuil lui attira de stupides avanies. Ce forgeron fut obligé de se déganter, de montrer ses mains calleuses, et de dire : « Voyez !
« je suis un ouvrier, un vrai ! Laissez-moi
« passer ! »

Un imprimeur-libraire, propriétaire directeur du journal le plus répandu de la localité, s'était aventuré parmi les groupes qui, devant l'hôtel *du Commerce* et la boucherie Comtesse, à l'ouest de la place, attendaient le retour des délégués. Bien qu'il n'eût jamais pris part, personnellement, aux luttes politiques, il avait été souvent signalé par un de ses concurrents,

—Delatte, directeur du *Courrier,* — à la haine des masses ouvrières (1). Cependant, il croyait pouvoir exprimer son opinion sur les intérêts industriels de sa ville natale. On l'écoutait, on discutait avec lui sans animosité apparente. Tout à coup, des individus auxquels il n'avait pas adressé la parole, et qui étaient, d'ailleurs, trop éloignés pour pouvoir l'entendre, crient derrière lui : « Enlevez-le donc ! Enlevez-le ! « Entourons-le ! » On l'enveloppe, on le presse, mais cependant on finit par lui livrer passage, et il se retire à l'Hôtel du Commerce.

Delatte est à une vingtaine de mètres, au moment où les pierres commencent à pleuvoir.

Un commissionnaire en laines a le même sort que le directeur du *Journal de Fourmies.* On crie « enlevez-le ! », on l'expulse à coups de pierres. Un sinistre farceur fait semblant de protester : « Ce que vous faites là, dit- « il, est indigne ! » Et aussitôt il se mêle aux agresseurs et lance son caillou !

1. Les misérables questions de boutique ont eu, dans les désordres du 1er mai, une importance qu'aucun observateur intelligent ne pourrait méconnaître.

Un autre honorable commissionnaire, membre du conseil municipal, a essayé, lui aussi, de faire entendre le langage de la raison. Les ouvriers qui l'entouraient semblaient lui témoigner quelque déférence. Le cri « enlevez-le ! » part de la foule, — en arrière, toujours ! — Cette troisième agression est encore plus brutale que les précédentes. M. D... est lapidé à bout portant. Un fragment de brique le blesse à la nuque, le sang coule abondamment. La vue de ce sang exaspère les émeutiers. Quelques-uns se mettent à vociférer : « *Achevez-le donc !* »

Le blessé est conduit dans un café voisin. Pendant qu'il y reçoit les premiers soins, une brute furieuse accourt, et demande à des personnes qui causaient devant la porte :

« — Eh bien, est-ce qu'il est mort ?

« — Non, mais il a perdu beaucoup de sang.

« — Ah ! s'écrie le forcené, ils peuvent en
« perdre. du sang, les brigands de bourgeois ;
« ils ont bu du bon vin assez ! »

XVI

LA COLLISION

La place de la Mairie est un carré irrégulier, d'une superficie de 4.807 mètres; en terrasse sur la Grande-Rue, avec deux escaliers, un parapet et une balustrade; de plain-pied avec les rues Mogador et des Eliets, qui lui donnent environ 1.000 mètres de débouché. L'église Saint-Pierre, qui a son chevet entre ces deux rues, couvre 1.222 mètres. Deux ou trois mille personnes pouvaient donc, à certaines heures, se mouvoir sans difficulté sur un espace qui, avec les dégagements, est de 4.600 mètres.

La mairie est à l'angle nord-est; elle a sa

façade sur la place qui, de ce côté, est bordée de maisons, sans solution de continuité jusqu'au passage donnant accès dans la rue Mogador. De l'autre côté sont la chapellerie Lambert et l'hôtel du Commerce, séparés par une impasse, puis la boucherie Contesse et, à l'angle sud-ouest, un magasin de bonneterie. Le passage dit « du Coin-Noizet », entre cette maison d'angle et l'église, a une largeur de 18 m. 50. C'est le débouché sur la petite place de l'église et sur la rue des Eliets, que bordent l'estaminet de la Bague-d'Or, l'estaminet Dupont, la maison Dervillée et le café du Cygne. En face du passage, sur la rue Mogador, sont le café de l'Europe et le presbytère.

De une heure à une heure et demie, beaucoup de manifestants paraissaient vouloir rester sur la place, entre la mairie et le perron de l'église. Les femmes apportaient le dîner, dans des paniers.

Le sous-préfet et le procureur de la République étaient arrivés. Ils avaient aussitôt conféré avec le maire qui, du 1er mai, sept heures du matin, au 2 mai, huit heures, n'a pas quitté son poste. Dans le cabinet du maire, en présence de M. Bernier, le sous-préfet recevait la dernière délégation ouvrière, celle de l'établissement Staincq-Legrand; c'est la seule qu'il ait reçue ce jour là.

Sur les rapports de M. Isaac avec la municipalité de Fourmies, nous trouvons des indications précises dans une lettre adressée, le 2 juin, par M. Bernier, au préfet du Nord, lettre dont voici quelques extraits :

« À l'arrivée de M. le sous-préfet, le maire
« et son adjoint, M. Goury, ne se sont pas consi
« dérés comme dépouillés ou relevés de leur
« mandat, mais ils persistent à affirmer que
« dès lors leur rôle a été « subordonné ».

« En arrivant à la mairie, le 1ᵉʳ mai, vers
« une heure, M. le sous-préfet s'est mis en
« rapport avec le commandant Cacarrié. Seul
« il a correspondu avec la préfecture, comme
« avec les autorités militaires...

« Lorsque M. le sous-préfet nous entretenait,
« c'était pour nous annoncer de nouvelles trou
« pes qu'il avait demandées, et nous dire de
« préparer le logement et le couchage des
« hommes.

« Au moment où l'on nous invitait à indi
« quer sur les cartes de la ville la position des
« usines et le parcours des rues pour les pos

« les et les rondes, il avait pris ma place au
« milieu de la table en me faisant reculer; il
« avait continué à présider, prescrivant aux
« officiers (1), d'après nos renseignements, ce
« qu'ils avaient à faire.

« Je vous ai dit tout cela en sa présence,
« quand vous êtes venu à Fourmies, et je crois
« devoir vous rappeler qu'il n'a pas protesté. »

Au point de vue des véritables responsabilités, nous ne voyons pas quel intérêt aurait
aujourd'hui ce débat entre le maire et le sous-
préfet. Dans une enquête impartiale et complète comme celle que nous avons entreprise,
il faut examiner non seulement ce que ces
deux fonctionnaires ont fait, mais ce qu'ils
auraient dû et pu faire.

Qu'auraient-ils dû faire, dans l'après-midi
du 1ᵉʳ mai ? Descendre sur la place et haranguer la foule? Soit. A quel moment? Lorsque
les émeutiers gagnaient du terrain et mar-
chaient sur la mairie? Mais le commissaire de
police lui-même, faisant des sommations au
tambour, n'était pas écouté !

Le jeune sous-préfet, inconnu à Fourmies,

____

1. Il ne s'agit pas ici du commandant Chapus, qui n'était pas
encore arrivé.

aurait-il eu sur cette foule plus d'autorité que
le commissaire? Le maire aurait-il eu plus de
chances de succès? Longtemps il avait joui de
la sympathie générale; et tout récemment
encore, son arbitrage, réclamé dans un cas de
grève, avait eu d'excellents résultats; mais il
avait le tort *d'être le maire*, les meneurs révolutionnaires ne cessaient d'exciter contre lui
les lecteurs de leurs journaux, les habitués de
leurs réunions et de leurs estaminets; ils avaient
entrepris de *démolir la municipalité bourgeoise*,
ils espéraient être bientôt les maîtres à la
« Maison Commune ».

On a dit, il est vrai, que le maire aurait dû
tenter « un coup d'audace », marcher droit
aux émeutiers, les sommer de se retirer et,
s'il n'était pas écouté, leur jeter son écharpe,
se démettre de ses fonctions, décliner toute
responsabilité. C'eût été, en effet, un moyen
assez habile de se tirer d'affaire; mais nous
n'hésiterions pas à qualifier sévèrement une
telle conduite.

Le maire et le sous-préfet sont, du moins,
d'accord sur un point : c'est qu'ils n'avaient
prévu, ni l'un ni l'autre, la terrible collision
qui a fait tant de victimes. Au milieu du

tumulte, ils ne redoutaient, disent-ils, que quelques bagarres comme celle de la Sans-Pareille.

Ils avaient pu espérer un moment que l'ordre serait enfin rétabli. La foule s'était dispersée, les estaminets s'étaient remplis ; il y avait, suivant le programme, *pique nique* au café du Cygne : le théâtre Flavigny allait donner sa représentation gratuite.

Cependant, après deux heures, il était impossible de ne pas reconnaître que, contrairement à ces prévisions, la situation s'aggravait. Au lieu de se rendre au théâtre Flavigny, les manifestants qui sortaient des cabarets revenaient sur la place et y recommençaient leur vacarme. Ils étaient encore plus excités que le matin. La plupart des établissements lainiers, voulant à tout prix éviter les agressions dont ils étaient menacés, avaient permis à leur personnel de disposer du reste de la journée. Dans certaines usines on avait même offert les gâteaux et le vin. Un grand nombre d'ouvriers paisibles venaient voir ce qui se passait, et ne songeaient nullement à faire cause commune avec les émeutiers. Mais quelques jeunes gens se laissaient entraîner par les braillards : des gamins et des filles, pour le plaisir de crier,

se mêlaient à la bruyante cohue qu'ils appelaient « la bande de la Sociale. »

Déjà, à la suite de quelques arrestations, il
avait fallu renforcer le poste de la mairie, et ce
poste, depuis lors, était commandé par un
lieutenant. Les manifestants, par des poussées successives, cherchaient à gagner du terrain. En se rapprochant peu à peu, ils récla-
maient les prisonniers. Ils avaient d'abord crié :
C'est nos frères, ou *C'est nos hommes qu'il nous
faut !* Ils chantaient ensuite :

> C'est la guerre, la guerre, la guerre,
> C'est la guerre qu'il nous faut !
> Oh ! oh ! oh ! oh !

Puis des forcenés se mirent à vociférer :
C'est du sang, oui, du sang qu'il nous faut !
Devant le commissaire de police qui cherchait à les apaiser, ils répétaient : « *Oui, nous
voulons du sang !* » et retroussant leurs manches, joignaient à la parole le geste sinistre.
On réussit à en désarmer un qui brandissait
un long couteau.

Dans le procès de Douai, un témoin à décharge
a déclaré que Culine avait fait crier « vive
l'armée ! » Culine, deux fois déserteur, Culine

qui, dans les réunions socialistes, avait si souvent déclamé comme Lafargue contre « l'abrutissante discipline militaire! » Quel était le but de sa manœuvre? Sans doute il ne comptait pas sur la complicité de la troupe, mais comme tous les autres meneurs, il avait juré « qu'on n'aurait rien à craindre d'elle », et pour obtenir des soldats une neutralité bienveillante, il recommandait les démonstrations sympathiques. Il disait, le matin : « Ayons l'air de les traiter en « frères; et c'est vrai, d'ailleurs, qu'ils sont nos « frères, puisque maintenant tout le monde « est soldat! Il y a déjà dans leurs rangs plus « de socialistes qu'on ne croit. Crions donc « vive l'armée! *On ne pourra pas dire que les* « *torts sont de notre côté.* »

À deux heures et demie, on avait apparemment reconnu que les démonstrations fraternelles n'auraient aucun résultat; les pierres pleuvaient sur les officiers et les soldats du 84e de ligne; les émeutiers, enhardis par la patience de la troupe, serraient de plus près le poste de la mairie.

Vers trois heures le tumulte était à son comble. La police et la gendarmerie ne pouvaient plus résister aux poussées de la foule qui se pressait sur la place. On a dit qu'à plusieurs reprises, pour essayer d'intimider les émeutiers qui les serraient de trop près, les agents avaient tiré en l'air des coups de révolver. C'est possible, c'est même probable. Mais de leur côté, les manifestants ont dû plusieurs fois « faire parler la poudre » ; quelques-uns, nous en avons la certitude, étaient armés de vieux pistolets : ils tiraient à blanc, « comme dans certaines fêtes populaires, par exemple comme à la Saint-Éloi. « Ces détonations, nous a-t-on dit, n'effrayaient personne : c'était du bruit de plus, voilà tout ! »

Il fallait absolument dégager le poste de la mairie. Ce fut alors que le commissaire de police fit les premières sommations au roulement du tambour. Il eut beaucoup de peine à se faire entendre des gamins et des filles qui l'entouraient. Les agents marchèrent sur les émeutiers, les firent reculer de quelques pas, et réussirent à en désarmer quelques-uns qui brandissaient des bâtons.

Une demi-heure après, le désordre recommençait, la foule devenait plus agressive, et la situation du poste de la mairie paraissait critique. Heureusement on avait pu faire aversir trois ou quatre gendarmes à cheval, qui attendaient les ordres du lieutenant à l'hôtel de la Providence. Ces gendarmes débouchèrent brusquement de la rue Mogador, et chargèrent au grand trot, sous une grêle de pierres. Les émeutiers, croyant avoir affaire à des forces plus considérables, battirent en retraite dans la rue des Eliets. Il y eut un moment de panique, puis un retour offensif des enragés, qui lançaient des fragments de briques et des cailloux.

Dans cette bagarre, nous le répétons, les seuls blessés furent les gendarmes. Le maréchal des logis Leriche, de Solre-le-Château, eut trois côtes enfoncées par une brique. Mais enfin on avait réussi à dégager le poste. Les troupes de renfort arrivaient de Maubeuge; le commandant Chapus amenait 140 hommes du 145° de ligne et, rapidement, déblayait la place. L'infanterie prenait ses positions, gardait les escaliers du côté de la Grande-Rue, et barrait tous les passages.

De nouvelles arrestations avaient été opérées : les prisonniers étaient immédiatement conduits à la mairie. Une délégation des manifestants était venue réclamer leur mise en liberté immédiate. À cette demande transmise par le maire, le sous-préfet avait répondu que le procureur de la République procédait aux informations, et que c'était à lui qu'il en fallait référer. Plusieurs individus contre lesquels on ne relevait que les délits d'injures, ou de menaces, avaient été relâchés. Le procureur de la République déclarait qu'en attendant plus ample informé, les autres, inculpés de voies de fait, resteraient à sa disposition, sous la garde de l'autorité militaire.

Une partie des manifestants, sous le prétexte de « délivrer les frères qui travaillaient dans les bagnes », avaient déjà fait en ville de nombreuses tournées. Voyant que désormais la place serait bien gardée, ils recommençaient leurs promenades. On put croire un instant, à la mairie, que l'agitation allait s'apaiser.

Des rapports de gendarmerie faisaient craindre des troubles dans une localité voisine. Le sous-préfet et le procureur de la République voulurent se rendre compte de ce qui se passait à Wignehies. Ils partirent ensemble dans la voiture du maire.

Vingt minutes après leur départ, deux ou

trois **cents** enragés revenaient vociférer dans la rue des Éliets et sur la petite place de l'église.

Pour garder le passage du Coin-Noizet, le commandant Chapus avait disposé en cordon, sur une ligne de 18 à 19 mètres, 34 hommes du 145° de ligne. Les émeutiers s'efforçaient de débaucher ces soldats. Ils les invitaient à se joindre à eux pour « faire la fête », ils tâchaient de les entraîner dans les cabarets. Aux premiers rangs, des filles dévergondées essayaient de tous les moyens de provocation. Quelques-unes s'avançaient vers les jeunes soldats, se pressaient contre eux et, poitrine contre poitrine, leur disaient : « Venez donc! « vous êtes des frères,... si l'on vous com— « mandait, vous ne tireriez pas? »

Les troupes qui défendaient les autres passages étaient en butte aux mêmes obsessions. Cependant les officiers n'eurent pas à réprimer un seul acte d'indiscipline.

Cette correction parfaite, cette obéissance sans défaillances, n'auraient dû inspirer à une population française que des sentiments de respect et de sympathie. Elles ne firent pourtant qu'exaspérer les émeutiers; — et voici peut-être le moment de rappeler que parmi ces émeutiers se trouvaient des fraudeurs étrangers, des individus sans profession avouable, des rouleurs de *nationalité inconnue*.

Aux provocations à l'indiscipline et à la débauche succédèrent les injures et les menaces. Les pierres recommencèrent à pleuvoir. C'étaient les gendarmes qu'elles visaient, a-t-on dit, c'était surtout les soldats qu'elles atteignaient. Le lendemain, à la revue des armes, on constatait qu'un grand nombre de baïonnettes avaient été faussées par les briques ou les cailloux.

Culine, évidemment inquiet de ces désordres, qui devaient faire peser sur lui une si lourde responsabilité, ne s'était plus montré que quelques instants sur la place. Il pérorait dans les estaminets du voisinage, puis rédigeait des notes pour le *Courrier*. Divers témoins, aux assises de Douai, ont dit : « Nous « l'avons rencontré dans tel ou tel café, nous « avons bu des chopes avec lui ; il parlait de « faire délivrer les prisonniers, il criait qu'on « voulait pousser à bout les travailleurs ! »

On le vit un moment au café Monaque, en

face du bureau central de la Poste et du Télégraphe. Il écrivait une dépêche pour le citoyen Ferroul. Sans doute, suivant la promesse qu'il en avait faite, dans la conférence du 29 avril — « nous avons des hommes à la Chambre, ils interpelleront le gouvernement » — il invitait le député socialiste à formuler une demande d'interpellation. En revenant de porter cette dépêche, il rencontra une de ces bandes de braillards qui avaient fait en ville de nombreuses tournées, allant de cabaret en cabaret, buvant chopes sur chopes, vidant des *Kolbacks*, mêlant à la bière le genièvre et l'eau-de-vie.

Il y avait là « des rouleurs et des rouleuses », des individus qui ne vivaient d'aucun travail honorable, des jeunes gens déjà abrutis par l'alcoolisme, des filles dont on a dit, avec trop de raison, « qu'elles étaient « faites pour ce milieu ».

Suivant les déclarations de Culine, la rencontre eut lieu dans la Grande-Rue, près de la succursale du Bazar. La bande acclama le secrétaire des groupes socialistes. « Vive Culine! Vive la Sociale! » Puis elle se dirigea vers le pont d'Arcole et la place Clavon. Dans la bruyante colonne, se faisait remarquer par son agitation, un individu qui portait une serpe emmanchée à une perche. On avait dit à Culine : « il faut venir avec nous ! » et Culine obéissait en ayant l'air de commander. « J'espérais, prétend-il, emmener ces affolés dans la campagne, du côté de Trieux : là rien ne les aurait plus excités. » Pourquoi cependant, sur la place Clavon, criait-il avec eux « *à la Houppe du Bois !* » C'était le nouveau mot d'ordre : « *A la Houppe ! à la Houppe !* » Qu'allait-on faire dans ce faubourg ? S'approvisionner de projectiles aux tas de pierres de la route, ou à quelque briqueterie, pour une nouvelle attaque contre les gendarmes et les soldats ? Aux assises de Douai, la question n'a pas été posée. Nous regrettons que la lumière n'ait pas été faite sur ce point important.

En chemin, on éprouva l'irrésistible besoin d'attaquer les usines du haut quartier et de casser quelques vitres. « — *Il faut bombarder Malakoff ! — Oui ! Oui ! bombardons Malakoff !* »

« Culine, ont dit plusieurs témoins, était « en serre file, comme un officier. » Au premier rang de la bande, avec le jeune Gilloteau, marchait une fille de dix-sept ans, Maria Blondeau, qui portait *un mai*. A une longue branche d'aubépine, elle avait attaché des rubans et des lambeaux d'étoffe rouge. Voici, sur cet incident de Malakoff (usine des fils de Th. Legrand), les dépositions de deux contremaîtres.

Alphonse Gillain. — Vers 5 heures arriva une bande très agitée, qui criait : « *En bas le mai de Malakoff! Il faut bombarder Malakoff!* » Tout ce monde faisait beaucoup de bruit. Culine était là, avec le nommé Gilloteau et une fille Blondeau, bien connue. On tire la sonnette; je viens à la porte et je reçois une pierre.

D. — Vous êtes certain d'avoir vu Culine?

R. — Oui, oui! Il faisait de grands gestes en levant les bras comme cela, pour exciter la bande... Ah! ils l'étaient déjà assez, excités! *Il y en avait qui écumaient par la bouche!*

Albert Lenoir. — J'ai vu monter la bande, qui criait « En bas le mai! » et chantait les huit heures.

Le nommé Gilloteau, qui était très excité, a dit qu'il fallait bombarder Malakoff. Une fille qui était avec Guilloteau, celle qu'on appelait la *Fille Moutarde*, avait tiré l'anneau de la sonnette. On a cassé des vitres, une grêle de pierres est tombée dans la cour. En regardant ensuite par-dessus le mur, j'ai vu Culine qui montait avec la bande du côté de la Houppe du Bois. Un certain nombre d'individus avaient des baguettes, d'autres des bâtons.

A plusieurs reprises, depuis le pont d'Arcole, Gilloteau avait demandé à Culine de lui procurer un drapeau. Il aurait voulu d'abord l'étendard rouge des socialistes-révolutionnaires. Culine, paraît-il, refusa de le lui confier. On alla de cabaret en cabaret, cherchant un drapeau quelconque. Culine finit par en trouver un dans l'estaminet de la veuve Berhuy, à l'angle de la rue de Douai et du chemin de la Houppe. Sur les instances de Gilloteau, on le cravata de noir, avec une loque prise sur une machine à coudre. Il fallait, disait-on, *lui faire porter le deuil des prisonniers*; on les délivrerait, ces prisonniers, on les vengerait !

Extrait textuel de l'interrogatoire de Culine :

En sortant de l'estaminet, Gilloteau et les autres se querellèrent pour savoir qui porterait le drapeau. Moi, je restai à écrire chez Mme Berhuy.

D. — Combien de temps ?

R. — Vingt minutes au moins. Je rédigeais des notes pour le *Courrier*. Deux hommes qui se trouvaient là se chargèrent de les porter chez Delatte. Quand je voulus sortir, il me sembla apercevoir un piquet de soldats aux abords de l'estaminet, je sortis par une porte de derrière et m'en allai à la Houppe-du-Bois, chez Mme Burlat.

D. — Et que devint la bande ?

R. — Je n'en savais rien; je pensais qu'elle allait

encore faire quelques tournées en ville... C'est en buvant une chope chez Mme Bourlat que j'ai entendu les coups de fusil...

Au lieu de monter vers la campagne, la bande Gilloteau se dirigeait vers la rue des Deux-Ponts. En passant, elle faisait irruption dans la cour d'une boulangerie et dans la pâture Coppeaux, pour prendre à des tas de fagots des baguettes et des bâtons.

Un porteur de journaux, le nommé Fortier, prétendit mettre un peu d'ordre dans la marche. Il fit ranger les manifestants quatre par quatre et les conduisit à la place Verte, en chantant les refrains révolutionnaires. Puis, montant sur un arbre, il leur adressa une violente harangue. Ils repartirent dans la direction de la Grande-Rue, en criant : « Allons délivrer nos frères! A la Place! A la Place! »

Autour de cette place de la mairie, l'agitation recommençait, plus vive peut-être qu'au moment de la charge de gendarmerie. Une foule houleuse se pressait dans la rue des Eliets. Le sous-préfet et le procureur de la République, qui revenaient de Wignehies, durent laisser leur voiture devant la brasserie

Van Crombrugghes. Arrivés au Coin-Noizet, ils passèrent en courant sous une grêle de pierres.

Est-ce à ce moment qu'ils auraient dû faire face aux émeutiers, et leur adresser d'énergiques sommations ? Sans doute il ne leur sembla pas possible de se faire écouter. A cinq heures et demie ils étaient rentrés à la mairie. Dans une des salles qui donnent sur la cour, le maire et l'adjoint examinaient et classaient les revendications apportées par les délégations ouvrières. Toutes les issues de la place étant gardées, rien ne leur faisait craindre des incidents plus violents que ceux qui s'étaient produits depuis quatre heures. Le poste ne signalait rien de plus inquiétant. Les troupes disponibles du 84ᵉ et du 145ᵉ de ligne étaient massées devant le perron de l'Église; la gendarmerie à cheval se tenait en observation, derrière le cordon de 34 hommes qui défendait le passage du Coin-Noizet.

Mais c'était précisément à forcer ce passage que s'acharnaient les émeutiers. Par là ils espéraient pénétrer sur la place, entraîner la foule, assaillir le poste et délivrer les prisonniers.

L'impassibilité des troupes les exaspérait. On vit un de ces furieux, la joue gonflée de tabac, s'avancer vers un jeune soldat et lui cracher sa chique au visage.

Le soldat ne put réprimer un mouvement de colère. Ses mains se crispèrent sur la batterie de son fusil. Mais il se souvint de la consigne : « Rester impassible devant toutes les provocations, devant toutes les insultes. » Du revers de la main il essuya sa joue souillée par l'immonde jet de salive et de nicotine. Pas un reproche, plus un geste de menace !

Les filles renouvelaient leurs excitations à l'indiscipline et à la débauche ; les gamins les suivaient, poussant l'audace jusqu'à essayer d'enlever quelques fusils. Derrière eux la foule grondait. Des femmes et des enfants revenaient de la rue de Wignehies ; on avait repris des munitions aux tas de pierres de la brasserie Van Crombrugghes, on apportait des paniers et des tabliers pleins de cailloux.

Le commandant Chapus n'avait cessé de surveiller les 34 hommes disposés en cordon au passage du Coin-Noizet. C'était assurément le plus calme, peut-être devrions nous dire le plus débonnaire des officiers qui, ce jour-là, avaient à Fourmies la pénible mission de contenir la foule. Par tous les moyens possibles il aurait voulu éviter une collision sanglante. Il espérait encore y réussir. Il lui avait suffi d'abord de faire exécuter par huit ou dix hommes une *marche en avant*, baïonnettes croisées; la foule reculait.

Mais cette marche en avant laissait un espace vide entre le mur et les soldats. Le cordon était rompu; quelques forcenés accouraient déjà vers la brèche. Le commandant ramena ses dix hommes et leur fit reprendre leur position première.

La bande que Culine avait conduite vers la Houppe-du-Bois était revenue de la Nouvelle Place, armée de pierres, de briques et de bâtons; elle avait fait le tour par la rue des Eliets. Gilloteau portait le drapeau cravaté de noir, Maria Blondeau, la branche d'aubépine enrubannée. Derrière eux, autour d'eux, on criait avec frénésie : « *C'est la guerre, la guerre, la guerre! Oui, c'est du sang qu'il nous faut! Oh! oh! oh! oh!*

Les émeutiers se ruent sur les soldats : ils les attaquent à coups de pierres et de bâtons. Les cailloux et les fragments de briques pleuvent de tous côtés; il en passe par-dessus les maisons de la rue des Eliets.

Deux soldats sont blessés. Les autres essaient, sans se servir de leurs armes, de contenir les émeutiers. Plusieurs de ces malheureux jeunes gens, les yeux pleins de larmes, supplient les assaillants de se retirer.

« — Mais vous êtes donc fous? leur disent-
« ils. Que vous avons-nous fait?... Que voulez-
« vous?... Allez-vous-en!... Nous avons tout
« souffert sans colère, vous le voyez bien? Mais
« partez, partez! Il ne faut pas qu'il arrive
« malheur! »

Oui, la patience des troupes a été admirable ; on a vu ces soldats pleurer en conjurant leurs lâches et stupides agresseurs *de ne pas les pousser à bout !*

Le commandant s'était porté sur le front : il avait vainement essayé de faire entendre raison aux affolés; il sommait les bandes de se disperser, il les menaçait de faire charger et tirer. On l'insultait, lui, le vieux soldat dont les états de service sont si honorables, on le menaçait, on venait le frapper, lui qui ne demandait qu'à ne pas être obligé de sévir. Pour obtenir l'apaisement, il supportait tous les outrages. Mais sa situation personnelle devenait de plus en plus critique. On cherchait à le désarçonner. Une fille, avec la branche d'aubépine enrubannée, fouettait les naseaux de son cheval. Autour d'elle on criait : « Allez donc! enlevez-le! »

Deux fois encore le commandant éleva la voix pour faire de nouvelles sommations (les tambours et les clairons étaient en arrière sur la place). Recourant aux derniers moyens d'intimidation, il ordonna *très haut* de charger les armes. La menace n'eut aucun effet. Il prévint neuf hommes de se tenir prêts à tirer en l'air.

Deux autres soldats avaient été grièvement blessés ; *ils s'étaient affaissés, leur sang coulait ;* des agents de police les conduisaient au poste de la mairie. Les défenseurs du passage n'étaient plus que trente, résistant désespérément à l'effort continu de la foule. Le commandant lui-même venait d'être atteint par une pierre. Le lieutenant Colsenet, du 145ᵉ, accourut, se plaça devant le rang et désigna du doigt aux agents un forcené qui avait blessé un soldat. Comme il s'avançait pour saisir l'émeutier, des furieux l'entourèrent, l'étreignirent, l'entraînèrent et finirent par le renverser. On le frappait, on le piétinait.

Trois braves exposèrent leur vie pour le

dégager: un sergent vaguemestre du 84e, un agent de police, et ce maréchal des logis Leriche qui, dans la précédente bagarre, avait eu trois côtes enfoncées. Ce blessé qui se dévouait encore, avec tant de courage, pour sauver le lieutenant Colsenet, fut, lui aussi, renversé, frappé, piétiné !

Neuf soldats avaient tiré en l'air. Tout devait être inutile, même cette suprême sommation. Une fille de la bande Gilloteau, une fraudeuse d'origine belge, criait : « Ils n'ont pas « de balles à leurs cartouches, *ils l'ont dit !* »

La grêle de cailloux tombait de plus en plus nourrie. Plusieurs témoins nous ont dit : « Des enragés venaient lancer leurs « pierres *à bout de bras;* on aurait cru, par « moments, qu'ils frappaient du poing les pau-« vres soldats. »

Des fenêtres de quelques maisons voisines, on les voyait, ces soldats, levant les bras et la crosse du fusil à la hauteur du front, pour se garantir la tête. Puis ce fut le *corps à corps*. Les enragés essayaient de s'emparer des fusils et se blessaient en saisissant les baïonnettes. D'autres prenaient les soldats par les jarrets, pour les faire tomber.

Un vicaire de Saint-Pierre, M. l'abbé Siméon-Arnoult, avait vu, de la fenêtre de sa chambre, toutes ces terribles scènes. M. le curé Margerin était monté auprès de lui, attristé, anxieux, se demandant si les malheureux soldats qui défendaient le passage n'allaient pas être tous victimes de leur admirable patience. Peut-être la pensée lui vint-elle, à lui dont l'intelligence et le cœur ont de si promptes inspirations de descendre sur la place, de se jeter entre les troupes et les émeutiers, et d'adresser aux égarés, aux affolés, les évangéliques exhortations qui peuvent apaiser soudain les plus violentes colères. Il n'en eut pas le temps.

Avec un élan formidable, les *fous* se jetaient sur les trente soldats. Les poussées devenaient irrésistibles, le cordon pliait. On était parfois poitrine contre poitrine. Les gendarmes à cheval ne pouvaient charger sans passer sur le corps des soldats qui soutenaient ces derniers assauts.

Le commandant Chapus eut alors une vision terrible. S'il hésitait encore, ses trente hommes étaient enveloppés, terrassés, désarmés. Les émeutiers, vainqueurs, s'emparaient des fusils, se précipitaient sur la place, entraînant les flots de la foule. Les compagnies du 84° et la réserve du 145° en position devant l'église, étaient obligés de s'élancer à la rencontre de cette masse et *de tirer dans le tas!* C'était une épouvantable catastrophe : trois ou quatre cents victimes restaient sur le sol !. .

Les soldats étaient à bout de forces. Les émeutiers se ruèrent sur eux, et la foule suivit...

Le malheureux officier commanda le feu.

. . . .

La fusillade n'avait pas duré 4 *secondes.* Chacun des 30 soldats avait brûlé *deux* cartouches.

En un clin d'œil la place de l'église était déblayée : l'espace compris entre le Coin-Noir, le presbytère et le café du Cygne était vide : il n'y restait que quelques-unes des victimes atteintes par les balles. Un des témoins qui ont tout vu, des fenêtres des maisons voisines, nous disait: « Je n'eus que le
« temps de me jeter à plat-ventre dans ma
« chambre. Lorsque, n'entendant plus tirer,
« je revins à ma fenêtre, je vis des blessés *de*
« *l'autre côté de la rue*, et les derniers fuyards
« qui couraient affolés dans toutes les direc-
« tions. »

Aucun des 30 soldats n'était sorti du rang ;

aucun gendarme, aucun agent de police n'avait poursuivi les fugitifs.

Il s'en était fallu de quelques secondes qu'à d'autres issues de la place, également attaquées par les émeutiers, on fût obligé de faire feu. Les soldats avaient déjà apprêté les armes; *on entendait les claquements des culasses mobiles.*

La fusillade avait fait une quarantaine de victimes : 9 morts et 30 blessés ; et les balles, dans la foule compacte, n'avaient pas seulement atteint des émeutiers ; des innocents, des curieux inoffensifs, des passants avaient été frappés!..

M. le curé Margerin et un de ses vicaires, M. Darel, étaient aussitôt descendus et relevaient ces malheureux. Parmi les braves gens qui, avec un dévouement spontané, les assistaient dans cette douloureuse tâche, on nous cite : Victor Eglem, garçon boucher, Émile Meunier-Scott, trieur, Louis Hublet, mécanicien, Alphonse Lebègue, dit Judin, Florimond Baillon, garçon brasseur, Deck, père et fils, Théophile Carrion, Piette-Sallé, débitant, MM^{mes} Dreumont, Flérine-Labras, Gustave Hiroux. Dans le passage Dervillée, un habitant d'Hirson donnait les premiers soins à un blessé auprès duquel on ramassait un vieux pistolet.

Les morts étaient transportés au presbytère, où bientôt accouraient les familles éplorées. Les prêtres priaient et déjà, dans cette veillée lugubre, essayaient de faire entendre les paroles d'apaisement.

Où étaient, à cette heure, les agitateurs qui avaient poussé les pauvres ouvriers sur les fusils Lebel, en leur affirmant *qu'on ne tirerait pas?*

Lafargue, l'homme de la crosse en l'air, était à Nogent, dans sa villa des bords de la Marne.

Et Renard? Il était reparti pour Saint-Quentin, sans se préoccuper des résultats que pourraient avoir ses dangereuses excitations.

Et Culine? Il buvait des chopes à la Houppe-du-Bois. Après avoir écrit ses notes pour le *Courrier*, il regardait jouer aux boules.

Et Delatte? Il a dit dans son journal: « Rappelé par les nécessités de mon tirage, je venais de rentrer chez moi! »

Travailleurs fourmisiens, honnêtes ouvriers qui avez tant de raisons de regretter la longue période de paix, de fraternelle entente et de calme prospérité, connaissez-vous maintenant les véritables auteurs de la catastrophe ?

Ce sont des étrangers, des déclassés, des coureurs d'aventures, incapables d'assurer par un travail régulier la dignité de leur vie.

Pour arriver aux situations politiques qu'ils convoitaient, ils se sont joués de vos meilleurs sentiments, ils ont abusé de votre généreuse confiance. Ils n'hésitent pas, ces faux socialistes, à vous sacrifier à leurs misérables intérêts. Aucune considération d'humanité ne les arrête ; ils font bon marché de votre sécurité, de votre gagne-pain, même de votre sang... Et jamais, aux heures de péril, vous ne les trouvez devant vous, présentant leurs poitrines !

Hélas ! pourquoi sont-ils venus à Fourmies, au grand village industriel, si heureux naguères ?

Voyez ce qu'ils y ont fait :

Ils ont apporté le désordre, la haine furieuse, l'irréparable malheur, l'inoubliable deuil !

LE PROCÈS LAFARGUE-CULINE

Pour compléter cette étude historique et mettre le lecteur à même de juger en pleine connaissance de cause, nous croyons devoir reproduire intégralement les parties essentielles des débats que nous avons suivis, les 4 et 5 juillet 1891, au Palais de Justice de Douai. Ce sont les interrogatoires des accusés et les dépositions des témoins.

INTERROGATOIRE DE LAFARGUE

Le Président. — Je relirai chacune des phrases relevées par l'accusation dans votre conférence de Wignehies.

L'accusé peut ainsi discuter pied à pied, contester l'exactitude de telle parole, expliquer celle-ci, nier celle-là. Il est calme, doux, insinuant. On lui a dit que, dans le jury, en grande majorité animé de sentiments religieux, se trouvaient des personnages d'ancienne et noble famille ; il débute par un éloge de la noblesse

et du clergé au moyen âge, il les représente comme
les vrais protecteurs du serf, dont la condition, dit-il,
était beaucoup moins dure qu'on ne pense. A l'appui
de sa théorie, il cite divers historiens, il lit des passages d'une étude qu'il a publiée dans la *Nouvelle
Revue*, et d'une brochure signée Lafargue et Guesde,
brochure répandue, ajoute-t-il, à plus de trente mille
exemplaires, dans le parti socialiste.

C'est là qu'il place la profession de foi du socialisme
marxiste : « Pas de violence, pas de dynamite, pas
« d'agression, pas de *colletage*. » Dans toute la campagne de propagande qu'il vient de faire, il n'a jamais
prononcé une parole violente ; il n'a parlé que de la
journée de huit heures et de la fête du 1er mai, de
l'amélioration du sort de l'ouvrier.

A propos des manufactures du Nord, le mot de
bagnes lui est-il échappé? C'est possible. Le mot avait
été dit en 1849, par M. de Villermé, de l'Institut, pour
certaines filatures de coton, de laine, de soie. Mais le
conférencier de Wignehies voulait seulement dire
qu'en travaillant douze ou quatorze heures dans une
atmosphère surchauffée, les ouvriers lainiers faisaient
un travail de galériens.

La troisième phrase qui lui est reprochée ne visait
pas les patrons de la région. Elle avait un sens plus
général ; elle attaquait surtout les financiers. « C'est,
dit-il, cette classe financière qui draine la petite épargne pour l'employer à des opérations souvent criminelles ; c'est elle qui a englouti un milliard et demi
dans l'affaire du Panama. Les puissances étrangères
sont outillées par l'argent français et l'Italie, pour
payer les armements que lui impose la Triple-Alliance,
a trouvé les fonds dans notre pays. Si la guerre écla-

tait demain, des poitrines françaises seraient trouées par des balles fondues avec l'argent français!

D. — Passons à la phrase : « Les patrons sont des « fainéants, qui se saoulent,... car ils se saoulent, « camarades ! » Vous souvenez-vous de l'avoir dite?

L'ACCUSÉ *(souriant)*. Comment l'aurais-je dite? Chaque fois que j'entreprends une tournée de propagande dans une région, je m'enquiers de la situation générale et de beaucoup de particularités. Je savais qu'à Fourmies, Wignehies, etc., la plupart des patrons sont d'anciens ouvriers, qui travaillent encore, ou qui du moins surveillent le travail. Je ne pouvais donc les traiter de fainéants et prétendre que leurs ouvriers ne les voient pas, ne les connaissent pas.

D. — Vous n'avez pas dit « ils se saoulent, camarades ? »

R. — Ah!.. attendez!.. sur ce point je m'expliquerai plus tard.

D. — Vous n'avez pas dit, non plus, toujours à propos de ces patrons : « que fait-t-on des bêtes inutiles ? On les tue. »

R. — Non ! Je n'ai pas parlé de *tuer*. Je vous le répète, nous sommes opposés à toute violence, et je vais lire encore à MM. les jurés quelques passages de la brochure que je citais tout à l'heure. C'est le programme du parti ouvrier. Nous y déclarons que rien ne pourra empêcher la révolution sociale, « mais « cette révolution inévitable ne sera déterminée ni « par les explosions de dynamite, ni par d'héroïques « folies, ni par des colletages locaux avec la police, « ni par des prises d'armes partielles... »

Il me semble que c'est concluant. Si donc j'avais prêché l'action individuelle, on aurait pu dire le

citoyen Lafargue ment! Et jamais, je ne m'abaisserai
à un mensonge.

Le docteur Lafargue est le gendre de Karl-Marx, le
célèbre socialiste prussien, fondateur de l'Internationale. De temps à autre il saisit l'occasion de faire
diversion à l'interrogatoire, en exposant les doctrines
marxistes. Cela tourne à la conférence. Le président,
avec beaucoup de tact, le ramène à la question.

D. — Ainsi vous n'auriez pas parlé de tuer, ou de
détruire les patrons? Dans l'entraînement de l'improvisation, vous n'auriez rien dit d'à peu près semblable?

R. — Je me rappelle un incident qui aura prêté à
quelque confusion. Un auditeur s'est écrié, je crois :
« Ce sont des pourris, il faut les « tuer ». J'ai protesté, il ne faut tuer personne...

D. — Et vous avez dit que leur peau ne serait même
pas bonne à faire une paire de gants?

R. — On m'a sans doute mal compris. Je me rappelais une leçon d'un de mes professeurs de Londres,
où il était question du peu de solidité de la peau
humaine...

D. — Vous ne vous souvenez pas d'avoir comparé
les patrons aux poux, aux puces, aux punaises, et
d'avoir ajouté qu'on trouverait un bon insecticide
pour s'en débarrasser?

L'accusé nie avoir tenu ces propos. Il affirme aussi
ne pas avoir excité les ouvriers à la grève générale,
conséquence inévitable de la grève des mineurs.

D. — N'avez-vous pas dit que les Anglais étaient
plus avancés que nous à tous les points de vue, mais
que nous leur étions supérieurs, depuis la nouvelle
organisation militaire, par l'habitude du maniement
des armes, et qu'un jour viendrait où les travailleurs.

sachant où prendre ces armes, s'en serviraient pour faire triompher leurs revendications?

6. — Voyez encore comme j'ai été mal compris : au point de vue de l'organisation sociale je reconnais que les Anglais sont plus avancés que nous; au point de vue des idées, c'est autre chose. Darwin et les philosophes de son école ne vont pas aussi loin que bon nombre de savants français.

Quant au maniement du fusil, j'ai parlé de l'illogisme de la société actuelle, qui met des armes entre les mains des prolétaires et leur refuse les moyens d'existence! Autrefois, les « armes » étaient le privilège de ceux qui possédaient. J'ai constaté combien était singulière la conduite des gouvernements actuels mettant des armes entre les mains des misérables, car enfin, la transformation sera légale ou elle sera violente. Légale, si on se sert du suffrage universel, violente si on recourt au fusil, le premier moyen paraissant insuffisant. Et en développant cette théorie je me suis fait l'écho des préoccupations dont M. de Bismarck et M. de Caprivi ont entretenu le parlement allemand, quand ils ont affirmé qu'ils ne sauraient plus répondre de la fidélité des soldats dans les troubles civils. Je me suis fait l'écho de l'encyclique du pape lui-même, qui, lui aussi, prévoit la transformation sociale.

Enfin, avec plus ou moins de subtilité, l'accusé cherche à expliquer les propos qu'on lui attribue sur les patrons qui se saoulent, sur les maladies des riches, des « pourris », et sur le grave incident de « la crosse en l'air ». Il n'a pas d'hostilité contre les patrons eux-mêmes, qui subissent, comme les ouvriers, les fatalités de la situation économique; il ne se rappelle pas avoir dit que, lorsqu'on les aurait dépossédés, on les emploierait à ramasser du crottin. Il en a vu plusieurs à Fourmies, il s'est entretenu avec eux, il a visité leurs manufactures, il a été étonné de la perfection de leur outillage et des conditions hygiéniques de leurs ateliers.

INTERROGATOIRE DE CULINE

La première partie de cet interrogatoire porte sur les antécédents de l'accusé.

Culine a été serrurier-mécanicien, à Sedan, où il a fait partie, comme vice-président, du conseil des prud'hommes, puis à Attigny et enfin, vers 1888, représentant de commerce à Fourmies.

C'est seulement en janvier 1891 qu'il a fait sa déclaration de domicile dans cette dernière ville, et qu'il a organisé dans la région les conférences socialistes.

L'accusé prétend que les initiateurs de cette propagande ont été Renard et Langrand. « On me demanda, dit-il, de présider la réunion parce que j'avais connu ces citoyens, et je fus consulté sur la manière de constituer les chambres syndicales. Je savais qu'il en avait existé une à Fourmies, mais que les patrons avaient réussi à la faire dissoudre. Je recommandai les groupes d'études, composés seulement de vingt personnes. Plus tard on arriverait au syndicat. »

D. — Combien avez-vous fait de conférences, à Fourmies et Wignehies ?...

R. — Cinq ou six,... cinq je crois. Les soixante premiers adhérents m'avaient fait accepter les fonctions de secrétaire général. J'ai fait mon devoir, et tout a marché : en un mois nous étions plus de quatre cents, en six semaines mille.

D. — Vous exerciez sur les groupes une grande autorité ?

R. — Je remplissais mes fonctions de secrétaire, ne faisant jamais rien sans consulter les chefs des groupes.

D. — Il s'est tenu beaucoup de petites réunions. N'y avez-vous pas prononcé des paroles violentes ?

R. — Dans certaines circonstances, c'est possible. Des ouvrières s'étaient plaintes à ma femme de la conduite immorale d'un contremaître. Le patron leur avait dit « vous n'avez qu'à ne pas vous laisser faire ! » J'avais signalé les faits au commissaire : « Il m'avait « répondu qu'on ne pourrait donner suite qu'à une « plainte directe des intéressées, ce qui les aurait « exposées à être renvoyées. » J'étais révolté, j'exprimai mon indignation.

D. — N'avez-vous pas représenté le drapeau tricolore comme une loque infecte, souillée du sang des victimes de 1848 et 1871.

R. — Je n'ai pas ainsi méprisé le drapeau sous lequel j'ai servi, et que je donne moi-même à mes enfants quand ils veulent jouer aux soldats. J'ai pu dire seulement qu'il était regrettable qu'il eût été arrosé plusieurs fois du sang de nos frères.

D. — N'avez-vous pas dit, dans les cabarets, que les patrons étaient « des crapules et des cochons » ?

R. — J'ai eu une querelle, dans un estaminet, avec le fils de M. Poreaux. Ce jeune homme, à qui j'offrais poliment un programme de la fête du 1er mai, m'avait appelé « voyou, canaille, déserteur ». Il avait même levé la main sur moi. J'ai eu un moment de colère, puis je suis parti en disant : « Nous nous reverrons ! »

Le 1ᵉʳ mai

LE PRÉSIDENT. — A cinq heures du matin, un groupe d'ouvriers allait à l'usine la Sans-Pareille pour empêcher le travail. La gendarmerie a dû barrer la route aux perturbateurs. A ce moment vous vous avancez, en passant entre les chevaux, vers le lieutenant qui commandait. Vous avez un air menaçant. Que lui avez-vous dit ?

R. — J'étais parti pour distribuer nos programmes. J'ai rencontré les gendarmes et je leur ai demandé pourquoi les routes n'étaient plus libres. J'ai dit au lieutenant : « C'est l'honteux de mettre sabre au clair « devant des femmes et des enfants ! » On faisait beaucoup de bruit ; je me suis tourné vers la foule pour « lui dire : « Ce n'est pas ce qui était convenu ! Au lieu « de brailler comme cela, vous auriez mieux fait de « rester couchés. » Puis je les ai fait ranger en ordre sur le trottoir...

D. — Et ils ont tous crié « vive Culine ! » D'un geste vous avez commandé ; la bande a fait demi-tour, vous l'avez entraînée.

R. — Elle s'est divisée. Moi, je suis rentré à mon domicile, rue de la Montagne, puis avec deux amis, j'ai accompagné le citoyen Renard qui avait passé la nuit à Wignehies.

D. — Et à sept heures qu'avez-vous fait ?

R. — C'est vers 7 heures que nous étions à la gare.

D. — Enfin, vers 9 heures vous alliez à la Sans-Pareille, où l'on voulait empêcher la rentrée ?

R. — J'avais des programmes à distribuer. Il n'y en a même pas eu pour tous. Cinq minutes après, je suis rentré chez moi; j'y ai retrouvé le directeur du théâtre Flavigny, qui devait donner aux ouvriers une représentation gratuite, et qui peignait un transparent. Nous l'avons monté, ce transparent, pour l'illuminer le soir. Plusieurs personnes en témoigneront.

D. — A dix heures vous entraîniez la foule vers la place de la mairie.

R. — On est venu me chercher. Nous avions réunion au café du *Cygne* pour nommer les délégués des établissements.

D. — Oui, il était convenu que, d'une fenêtre, vous parleriez à la foule. Vous ne l'avez pas pu, à cause des gendarmes qui barraient le chemin. C'est alors que vous êtes monté sur les marches de l'église. Qu'avez-vous dit?

R. — J'ai toujours cherché à calmer. On ne pouvait guère m'entendre; depuis la veille, j'étais très enroué.

D. — Vous êtes redescendu sur la place, et vous avez encore parlé au lieutenant de gendarmerie.

R. — Oui, je lui ai dit : « Vous voyez bien qu'on va s'écraser! Pourquoi faites vous charger les derrières de cette foule? »

Et m'adressant au commissaire, j'ai ajouté :

« Laissez-nous faire la réunion sur la place? » Il m'a répondu : « Faites ce que vous voudrez! » Je suis remonté sur les marches de l'église, j'ai parlé des cahiers de 89, j'ai dit que nous devions, nous aussi, porter nos cahiers à la mairie. La police avait fait quelques prisonniers et la foule les réclamait. Elle ne voulait pas entendre parler d'autre chose. C'étaient

toujours les mêmes cris : « Les prisonniers! il nous
faut les prisonniers! » Je dis qu'on ne les abandonnerait pas, que ce serait lâche de les oublier, mais
qu'il fallait faire demander pacifiquement leur libération à la municipalité. J'essayais toujours de calmer,
je tâchais de gagner du temps; j'aurais voulu empêcher le désordre; je n'ai pas pu, c'est malheureux! »

D. — Les délégués se sont présentés à la mairie?

R. — Oui, et j'en faisais partie, mais le maire n'a
pas voulu me recevoir, sous prétexte que je n'étais
pas ouvrier lainier, et que, par conséquent, je ne pouvais être délégué professionnel. Je suis sorti du bureau
en protestant, et j'ai voulu écrire ma protestation sur
une table de la mairie. Le lieutenant de gendarmerie
est venu m'interrompre et m'expulser. Il m'a accompagné jusqu'en bas, je ne suis pas toujours aussi poli
que ça, moi, et je n'accompagne pas les gens aussi
loin. (Rires.) Je n'étais pas content, et je me disais : la
maison est commune mais pas pour moi.

D. — Et vous êtes retourné au café du *Cygne*?

R. — Non, je suis allé à l'estaminet Buissard avec
Delatte, le directeur du *Courrier*. Je lui ai raconté
que j'avais été mis à la porte de la mairie. On comprendra bien que je n'étais pas content de l'affront
qui m'avait été fait.

D. — A trois heures et demie vous étiez revenu sur
la place? Le maréchal des logis Leriche vous y a vu.

R. — Non, je n'étais pas sur la place à cette heurelà. En sortant de chez Buissart j'étais allé voir au
théâtre Flavigny si la représentation allait commencer. Mais il n'y avait pour ainsi dire personne. Cette
partie de la fête était manquée, comme le reste, mal-

heureusement... Vers deux heures quarante, on m'appela au *Cygne* où m'attendaient ma femme et mes enfants. On devait faire pique-nique quelques familles mangeaient et buvaient. Au bout d'un instant, je me suis mis seul à une table, au milieu, et j'ai écrit... Delatte m'avait demandé des notes pour son journal, sur ce qui se passerait dans la journée...

LE PROCUREUR GÉNÉRAL. — Vous êtes le correspondant de Delatte ?

R. — Non.... c'est-à-dire... je suis son reporter pour les abus qui se commettent.

D. — Vous êtes son collaborateur ?

R. — C'est-à-dire... je suis son client ; mais ce n'est pas toujours chez lui que je fais imprimer nos affiches et nos circulaires, je vais chez lui quand je suis pressé : il n'est pas loin de chez moi.

D. — A trois heures et demie vous étiez sur la place. Le commissaire de police vous a même signalé au maréchal des logis Leriche, en lui disant : « Voilà Culine l'agitateur. » C'est alors que le maréchal des logis vous a entendu crier : « Il ne faut pas laisser amener les prisonniers ; nous serions des lâches si nous ne les délivrions pas ! »

R. — C'est faux, absolument faux ! Leriche n'a pas entendu dire cela, je ne l'ai pas dit, je n'ai constamment cherché qu'à apaiser la foule qui criait : « Il nous faut nos prisonniers. » J'allais d'un groupe à l'autre, espérant les entraîner au théâtre Flavigny, j'affirme que je n'ai jamais prêché que le calme et la bonité.

D. — C'est alors, cependant, que se sont produits les plus graves désordres. Des pierres ont été lancées et Leriche a eu plusieurs côtes fracturées.

R. — J'ai fait ce que j'ai pu pour calmer ; mais j'étais si enroué qu'on ne m'entendait plus.

D. — On vous a entendu ensuite, dans un estaminet, recommencer vos excitations et dire qu'il fallait délivrer les prisonniers.

R. — Je n'ai excité personne. J'avais reçu une dépêche de Saint-Quentin, et j'y avais répondu chez Monaque.

D. — Puis vous êtes retourné au café Buissart ? Quelle heure était-il ?

R. — A peu près quatre heures. Je discutais avec le patron et des personnes de Saint-Quentin.

D. — Et c'est alors qu'est arrivé le témoin Bertaux ?

R. — Je ne le connaissais pas : il a dit qu'il venait de Saint-Quentin, on lui a demandé des nouvelles de là-bas.

D. — Il vous a entendu dire : « Vous êtes des lâches, si vous ne délivrez pas les prisonniers. »

L'accusé persiste à nier ce propos.

D. — Un instant après vous partez avec une soixantaine d'individus très excités et vous les conduisez dans la direction de Malakoff.

R. — C'est parce que je les voyais surexcités que je cherchais à les entraîner loin de la place.

D. — On les a entendus crier : « Nous allons venir délivrer nos frères, c'est Culine qui l'a dit ! »

R. — Oh ! Culine a bon dos ! On ne connaissait que lui, on ne voyait que lui, qui sans cesse avait recommandé le calme. Est-ce qu'on n'a pas pu abuser de son nom, pour le désordre, ou bien s'excuser de quelques violences en criant : « C'est Culine qui l'a dit ? »

D. — Vous conduisiez la bande qui allait bombarder Malakoff ; vous alliez auprès d'elle, marchant en serre-file, comme un commandant de troupe. Chemin faisant, elle se grossit d'une autre bande ayant à sa tête une femme. On criait de nouveau ; « A Malakoff ! il faut bombarder Malakoff ! Culine l'a dit ! Vive « Culine ! »

R. — Permettez, voilà ce qui s'est passé. Je sors de chez Buissart, je vais à la poste, envoyer une dépêche à Ferroul, le député. En retournant au Cygne pour retrouver ma famille, je rencontre une bande qui venait de faire un tour en ville avec des femmes et des enfants. Cette bande se met à crier : « Culine ! « Culine ! il faut venir avec nous à la Houppe-du- « Bois ». Bonne idée ! je les aurais fait promener du côté de Trieux, dans la campagne, où personne ne les aurait excités et tout se serait passé gaiement jusqu'à l'heure du théâtre ; car il devait y avoir encore une représentation le soir. En arrivant sur la place Clavon, un jeune homme de la bande m'a demandé de lui remettre le drapeau rouge des réunions publiques.

D. — C'était Giloteau ?

R. — Oui, je crois ; j'ai refusé. Alors il m'a dit : « Procurez-nous un drapeau — Eh bien, soit, je vais tâcher de vous trouver un drapeau tricolore » Giloteau reprit « : Il faudra le cravater de noir, il portera « le deuil des prisonniers. » — Moi, je ne savais pas ce que cette bande voulait faire. Enfin, pour les contenter et les calmer, je les mène dans un estaminet, chez Mⁿᵉ Lognon et je demande un drapeau. On me répond qu'il n'y en a pas.

D. — Alors vous demandez à cette femme de mettre à votre disposition une salle de son estaminet pour tenir une réunion ?

R. — J'aurais seulement voulu dire quelques mots pour pacifier. J'étais trop enroué pour parler dehors. Je dis aux hommes : « Je vais écrire un moment, j'ai « promis à Delatte d'envoyer des notes au journal. » Mais ils voulaient leur drapeau. Nous allons le cherchant d'estaminet en estaminet. Giloteau me dit : « si « nous allions voir chez Mme Berhuy? — Je veux bien, mais c'est la dernière. » — Mme Berhuy, qui me connaissait, va au grenier chercher un drapeau du 14 juillet; je lui dis que ces jeunes gens étaient blessés, et qu'ils pourraient le perdre ou le laisser déchirer, qu'en tous cas on le lui paierait. Elle répondit: « Non! non! qu'ils l'emportent, je le leur donne. » — On voulait un crêpe pour cravater le drapeau, en signe de deuil des prisonniers. Je demandai un morceau d'une loque noire que j'avais vue sur une machine à coudre. La belle-fille de Mme Berhuy me la donna. En sortant de l'estaminet, Giloteau et les autres se querellèrent pour savoir qui porterait le drapeau. Moi je restai chez Mme Berhuy.

D. — Combien de temps?

R. — Au moins vingt minutes, j'écrivis des notes pour le *Courrier*. Deux hommes qui se trouvaient là se chargèrent de les porter chez Delatte. Au moment où je voulus sortir, il me sembla voir un piquet de soldats devant l'estaminet. Je sors par une porte de derrière, et je m'en vais à la Houppe-du-Bois.

D. — Et que devient la bande?

R. — Je ne sais plus. Je pensais qu'elle allait encore faire une tournée en ville. En buvant une chope chez Mme Bourlat, je demande si on a vu cette bande. On me répond que non, je me mets à causer avec des délégués. Des hommes qui jouaient aux boules inter-

rompent brusquement leur partie et disent : « On
« tire! » J'écoute et je dis moi aussi : « Mais oui,
« on tire!... » — Et je suis parti en courant, je n'ai
pas même pris le temps de payer ma chope.

M. le Président fait brièvement le récit de la terrible scène : agression soudaine de la bande furieuse
contre les 34 soldats du 145ᵉ de ligne, résistance de
cette petite troupe, derniers incidents, fusillade. Une
discussion s'engage sur l'heure à laquelle Culine est
revenu sur la place.

L'accusé nie qu'il y soit revenu après 4 heures ou
4 h. 1/2. Toutefois, il reconnaît qu'il a pu gravir les
degrés, comme pour aller au café du *Cygne*. Mais il
n'a pas poussé plus loin puisqu'il est allé avec la bande
Giloteau vers la Houppe-du-Bois,

D. — Où l'avez-vous prise, cette bande?

R. — Vers la succursale du Bazar.

D. — Ainsi, vous n'êtes plus retourné au *Cygne*?

R. — Je vous l'ai dit. Culine ne ment jamais. S'il
m'arrivait de punir sévèrement mes enfants. ce serait
pour un mensonge!

Les témoignages.

L'audience est reprise à 2 heures 40. Le premier
témoin entendu est M. Ruche, commissaire de police
de Fourmies.

— Je n'ai connu Culine, dit-il. qu'à la date du
2 janvier 1891, date à laquelle il vint faire sa déclaration de domicile. Je l'ai revu à une réunion publique
le 12 et à une autre le 22 mars. On s'y est servi de
termes violents.

Mᵉ Tardif. — Qu'entendez-vous par « termes violents? »

M. Ruche. — On disait que les usines, les machines, les métiers, ne marchant que par l'ouvrier, qui est le véritable producteur, l'ouvrier avait le droit de les revendiquer et de s'en emparer.

Le 7 avril, il y eut une réunion privée, au *Cygne*, à l'occasion de la grève Staincq. Ce fut Culine qui l'organisa et qui fit voter l'ordre du jour. Le 12, au théâtre, réunion où Culine, Lafargue et Renard prirent la parole. Ce fut là que M. Lafargue dit : « Nous « avons eu des jours de crosse en l'air, nous en «aurons encore.» Je remarquai qu'il y avait deux soldats dans la salle; l'un de ces jeunes gens se retira aussitôt. Dans la réunion suivante, Renard et Culine prirent la parole. Culine fit l'histoire de sa vie; il raconta comment il avait déserté.

Culine se lève pour répondre :

— Ayant accepté l'emploi de secrétaire et m'étant chargé de l'organisation des conférences, je faisais consciencieusement mon devoir. Rien de tout cela n'était occulte; j'informais M. le commissaire, je ne lui cachais rien. Partout je prêchais l'association et la coopération.

Le président. — Dans la réunion du 26 vous avez fait l'histoire de votre vie?

R. — Oui, j'ai voulu raconter ma vie parce que Poreaux m'avait traité de réfractaire, de déserteur. Si j'ai déserté, après la guerre, à Jailleux près de Bourgoin, c'est parce que j'avais été brutalement frappé par un officier. En Afrique, plus tard, c'est parce que j'allais me trouver encore sous les ordres de ce même officier. Je n'ai donc pas déserté devant

l'ennemi. J'en donne le démenti formel à M. le
ministre Constans! Enfin, on m'a trouvé digne,
malgré tout, de servir la France dans l'administration
militaire, dans les plantations algériennes. (*Avec
emportement.*) D'ailleurs je pourrais bien ne pas
m'expliquer sur ce point, je suis couvert par une
amnistie !

M. Ruche reprend sa déposition.

Je n'ai pas voulu, dit-il, au commencement de la
journée, dissiper les rassemblements par la force.
Mais, comme des groupes tumultueux s'étaient
formés sur la place de la mairie, il fallut faire appel
à la gendarmerie qui arrêta un manifestant trop tapa-
geur ; j'en arrêtai moi-même un autre.

Culine se présenta, vers dix heures et demie à la
mairie, avec la troisième délégation. On ne voulut
pas le recevoir, parce qu'il n'était pas ouvrier lainier.
Il eut l'intention de tenir une réunion sur la place.
Je lui dis que ce n'était pas permis et qu'il devait
s'en tenir à sa déclaration première, faite pour une
réunion au *Cygne*. Il monta sur les marches de
l'église et harangua la foule.

Dans l'après-midi, il revint : la foule était déjà fort
excitée ; il allait de groupe en groupe, parlant avec
animation. Je le montrai au maréchal des logis Leriche, en disant : « Tenez, voilà l'agitateur Culine! »

M° Tardif. — Est-ce à trois heures et demie ou à
trois heures moins un quart?

R. — J'ai signalé Culine à divers agents, mais je
n'avais pas ma montre à la main et je n'ai pas
regardé l'heure.

J'avais été prévenu qu'on voulait délivrer les prisonniers. Je me suis avancé. J'ai fait faire, au son du

tambour, une sommation qui est restée sans effet ; alors, j'ai envoyé prévenir la gendarmerie et le commandant des troupes du 145ᵉ de ligne. La gendarmerie à cheval est arrivée ainsi qu'une compagnie du 145ᵉ. La place a été déblayée. On criait à ce moment : « C'est la guerre qu'il nous faut ! Ce sont nos « frères qu'il nous faut ! » et « C'est du sang qu'il « nous faut ! »

J'ai dit à un ouvrier qui criait ainsi : « Pourquoi « ces menaces ? » Il a retroussé ses manches en disant : « Oui ! c'est du sang qu'il nous faut ! »

Les pierres pleuvaient de tous côtés. C'est alors sans doute que le maréchal des logis Leriche a été blessé.

M. LE PRÉSIDENT. — Nous rappellerons ce témoin ainsi que plusieurs autres, pour ce qui concerne les faits de la soirée. En attendant, on les fera rester dans une salle spéciale.

M. LARMAND, commissaire de police de Sedan, rapporte que, dans cette ville, Culine a organisé des réunions socialistes et fait de la propagande avec Paule Mincke. Il était déjà très exalté. Beaucoup d'ouvriers se défiaient de lui : il allait les chercher.

CULINE. — Comme à Fourmies, je travaillais à l'organisation des chambres syndicales. En trois mois, dans la métallurgie, nous avions recruté 1.200 adhérents.

POREAUX (Eugène), 26 ans, filateur, raconte la querelle qu'il a eue avec Culine dans un estaminet. L'accusé prétendait que les ouvriers étaient des esclaves, qu'on les exploitait, etc.

LE PRÉSIDENT. — Culine, qu'avez-vous à dire à cette déposition ?

CULINE, *haussant les épaules.* — Rien ! si je répondais, je perdrais mon temps !

JEAMMART (Émile), 21 ans, fileur. — Je dirai la vérité, moi, oui, la vérité ! Ah ! mais ! J'étais parti pour la rentrée de 5 heures ; mais voilà, on ne travaillait pas. Alors on a été boire un verre : on a rencontré les camarades, qui passaient en bande, en chantant.

D. — A quelle heure avez-vous vu Culine ?

R. — Vers sept heures moins le quart, sur la place.

Il a dit qu'il fallait être très calme. Nous nous sommes serré la main... Je dis la vérité, moi !

CULINE. — Cette déposition m'est favorable, et je vais montrer cependant comment on peut se tromper, car il y un point à rectifier : je n'étais pas sur la place de la Mairie à six heures et demie ; j'étais à la gare, où j'étais allé accompagner Renard.

LE TÉMOIN, *regardant en face le prévenu.* — Ah ! vous savez, Culine !...

CULINE. — Adressez-vous à la cour. (*Rires.*)

LE TÉMOIN — Il y en a qui disent que j'ai menti. *Se tournant vers l'auditoire.* S'il y en a encore un de Fourmies qui le dit, je suis prêt à lui répondre. (*Nouveaux rires.*)

M. LE PROCUREUR GÉNÉRAL. — Culine n'a-t-il pas dit : « Allons voir si on travaille à la Sans-Pareille ? »

LE TÉMOIN — Ah ! oui ! moi, je ne mens pas. On est allé ensuite aux Produits chimiques, où l'on a arraché le mai.

Vers 3 heures et demie, je suis revenu sur la place et j'ai vu M. Culine avec quatre ou cinq cents individus. Il a voulu parler, il était très enrhumé, il avait la voix cassée.

D. — On criait beaucoup sur la place ?

R. — On criait très fort : « C'est nos frères qu'il
« nous faut !... C'est nos frères... et c'est du sang! »
Je ne mens pas!

M. Julien (Alexandre), lieutenant de gendarmerie.
— Vers 5 heures 1/2 je m'étais porté avec quelques
gendarmes, du côté de la Sans-Pareille, où les manifestants voulaient empêcher le travail. J'ai coupé le
chemin à cette bande, mais sans charger. Tout à coup
Culine s'est montré et m'a adressé des paroles que je
n'ai pas entendues. Je l'ai écarté. Alors il est parti
après avoir fait un signe à la foule qui l'a suivi.

Culine — J'ai dit que c'était l'honteux de tirer le sabre
devant des femmes et des enfants.

Le lieutenant. — Tout chef qui commande une
troupe a le sabre à la main.

Culine. — Alors, pourquoi, lorsque je vous ai parlé,
avez-vous remis le sabre au fourreau?

Le lieutenant, *très calme.* — Je ne me suis pas occupé
de M. Culine, et je n'ai pas entendu ce qu'il m'a dit.
Si j'ai remis le sabre au fourreau, c'est que la bande
était partie.

D. — Dans quelle direction?

R. — Vers la place de la Mairie.

Culine persiste à prétendre que cette bande s'est
divisée et qu'il est retourné chez lui.

Le lieutenant. — A neuf heures, nous sommes allés
à la Sans-Pareille, pour assurer le travail. La foule
était excitée; lorsque j'ai fait dégager les abords de
l'établissement, elle a lancé sur nous une grêle de
pierres.

D. — Vous avez été blessé?

R. — A la tête et à la main.

D. — Culine était-il présent?

R. — Je ne l'ai pas vu en ce moment.

La colonne s'est reformée plus tard, Culine s'est mise à sa tête, pour aller à la mairie.

CULINE. — La bande est venue me prendre chez moi.

Le témoignage du lieutenant Julien est confirmé par ceux du brigadier Geheniaux et du gendarme César Palain, de Bavay. « La première pierre jetée à Four-mies, dit ce gendarme, a été lancée contre le lieute-nant. » Le témoin a poursuivi des émeutiers ; dans la ruelle des Douze-Apôtres, il s'est vu enveloppé ; il a tiré en l'air un coup de revolver, pour se dégager.

Un autre gendarme parle d'une arrestation opérée, le matin, près du Pont du Chemin de fer. Culine est venu dire : « Laissez donc aller cet homme, je vous affirme qu'il n'a rien fait ». L'arrestation n'a pas été maintenue. Culine a fait ensuite marcher la bande vers la place.

M. GUYON, maréchal des logis, au Quesnoy. — Il affirme que Culine conduisait la colonne à laquelle on a dû barrer le chemin.

Il a revu Culine sur la place de la Mairie à trois heu-res. La foule était houleuse. Culine s'est adressé à divers groupes.

D. — Avez-vous entendu ce qu'il disait.

R. — Je n'ai pas pu.

D. — Combien de temps est-il resté là ?

R. — Une demi-heure environ.

CULINE. — Je n'ai fait que traverser la place !

D. — Après son départ, la surexcitation a augmenté ?

R. — La foule était animée déjà, avant qu'on remar-quât la présence de Culine. Quand il a été parti, des cris hostiles ont été poussés ; il a fallu faire évacuer la place.

Mlle Démanet (Estelle), de Fourmies. — M. Culine est venu boire une chope chez nous vers trois heures. Il est resté à peu près un quart d'heure. Puis il est remonté du côté de la place.

Leriche, maréchal des logis à Solre-le-Château, a vu Culine sur la place, après trois heures. Les agents de police le lui ont montré. Il parlait avec animation. Le témoin l'a entendu crier : « Il faut délivrer nos « frères à tout prix ! Vous êtes des lâches si vous les « laissez partir ! »

Culine. — Je nie cette déposition ! (sic).

Leriche. — J'ai bien entendu ; je m'étais avancé jusqu'à trois ou quatre mètres de Culine. Il n'y avait qu'un petit groupe pour nous séparer.

D. — La foule était alors très agitée ?

R. — Oui. J'ai prévenu M. le commissaire. On criait : « C'est nos frères qu'il nous faut, c'est la guerre, c'est « du sang qu'il nous faut ! » Les pierres pleuvaient. M. le commissaire a fait faire une sommation au tambour. On n'a rien voulu écouter. Une grêle de pierres est tombée sur nous ; moi, j'ai eu trois côtes fracturées, trois et non pas une, comme dit l'acte d'accusation.

Le témoin affirme de nouveau, et très fermement avoir entendu les propos attribués à Culine. La foule, dit-il, était de plus en plus hostile. Il fallut faire déblayer la place.

M. le Président. — Vous ne connaissiez pas Culine ?

R. — Il m'avait été désigné par le commissaire de police.

D. — Et vous l'avez bien entendu ?

R. — Oh ! parfaitement. J'étais à trois mètres.

CULINE. — Ceux à côté de qui j'étais ne pouvaient même pas entendre mes paroles, tant j'étais enroué, et vous, vous auriez entendu à trois mètres ! En tout cas, il y avait flagrant délit. Pourquoi ne m'avez-vous pas arrêté.

R. — Si je n'ai pas arrêté Culine à ce moment-là, c'est que nous n'étions pas en force ; il y avait danger d'être enveloppés.

CULINE, *brusquement*. — Alors, mon arrestation était donc préméditée?.. On attendait l'occasion ? *Murmures dans la salle.*

BERTEAUX ALPHONSE, fileur. — C'est le jeune homme qui, en revenant de Saint-Quentin, est entré dans l'estaminet Buissart. Il a entendu un homme dire qu'il fallait délivrer les prisonniers. Mais il ne peut dire si c'était Culine ; il ne le connaissait pas.

GLINEUR, courtier en laines, a entendu Berteaux, dans le tramway de Wignehies, raconter que Culine avait dit chez Buissart : « Il faut délivrer les prisonniers. »

D. — C'était bien à Culine que Berteaux attribuait ce propos?

R. — Je l'affirme. Comment aurais-je moi-même parlé de Culine, en cette circonstance, si je n'avais pas entendu Berteaux prononcer ce nom?

M. Glineur a assisté à la réunion de Wignehies. Renard avait pris la parole. Il disait : « On se débarrasse des patrons, des Boussus, des Legros, etc., comme des poux et de la vermine. »

Mᵉ MILLERAND. — C'est Renard qui a dit cela?

LE TÉMOIN. — Oui, c'est Renard.

Mᵉ MILLERAND. — Bien ; c'est ce que nous retiendrons!

ELIET ARTHUR, fileur, fait une déposition assez favorable à Culine. Il déclare que Culine prêchait le calme et disait : « Vous aurez les prisonniers, on « vous les rendra plus tard. »

La défense s'empresse de prendre acte de cette déposition.

Cabotiau, agent de police, a vu Culine sur la place, vers cinq heures, après la grêle de cailloux ; Culine jetait sur la place un regard furieux.

— Nous savions dès 4 h. 1/2, ajoute le témoin, qu'on voulait délivrer les prisonniers.

Jouniaux Alfred, rattacheur. — Vers 10 heures, Culine a parlé sur les marches de l'église ; le témoin n'a pas entendu ses paroles.

Culine a demandé ensuite au commissaire de délivrer les prisonniers. Le commissaire aurait promis pour midi.

Culine dit que, d'heure en heure, il espérait la délivrance et la faisait espérer, pour pacifier.

Vers 5 h. 1/2 une bande est partie vers la Houppe-du-Bois en criant : « C'est nos frères qu'il nous faut ! »

Le témoin a entendu : « Nous allons les délivrer ! »

Fournier (Oscar), fabricant de chaises, a vu Culine passer avec deux personnes sur la place Clavon. Il paraissait calme ; on causait en se promenant. Une demi-heure après, une colonne de manifestants a passé. Le témoin n'y a pas vu Culine.

Gillain (Alphonse), contre-maître à Malakoff, a vu, vers 5 h. 1/2, arriver une bande criant : « Il nous faut « le mai de Malakoff et bombarder Malakoff ! » Culine était là avec Giloteau et Maria Blondeau. On tire la sonnette. Gillain vient ; il reçoit une pierre. Le témoin affirme énergiquement que Culine excitait la bande avec de grands gestes. Ils étaient surexcités; il y en avait qui écumaient par la bouche!

Une grêle de cailloux a cassé des vitres.

Le témoin a vu ensuite la bande aller chez Mme Lognon et chez Mme Berhuy.

Un autre employé de Malakoff confirme cette déposition. La bande est ensuite descendue avec un drapeau cravaté de noir.

Les dépositions de la veuve Lognon et de Mme Berhuy confirment en tous points les faits relevés dans l'interrogatoire de Culine.

L'accusé est resté environ une demi-heure chez Mme Berhuy. Il a écrit pour le *Courrier*.

D. — Qu'était devenue la bande Giloteau ?

CULINE. — Je ne les ai pas suivis. Ils étaient satisfaits. Du moment qu'ils quittaient la place, je ne demandais pas autre chose.

La belle-fille de Mme Berhuy raconte qu'elle a donné, pour le drapeau, un morceau de loque noire.

CULINE, en partant, a dit qu'il se rendait à la Houppe-du-Bois.

LENOIR ALBERT, contre-maître à Malakoff, a vu venir la bande qui criait: « En bas le mai ! » et qui chantait les huit heures. Il a entendu Giloteau dire qu'il fallait bombarder Malakoff. Une fille Blondeau surnommée *la fille Moutarde*, tirait l'anneau de la sonnette. Une grêle de pierres est tombée dans la cour.

Par-dessus le mur, le témoin a vu Culine remonter vers la Houppe-du-Bois. La bande avait des baguettes et des bâtons.

Mme DROMBOIS. — La bande a pris chez elle des baguettes, — de dix à quinze.

Mme RICHAUD, cabaretière, a vu passer les manifestants avec leurs bâtons. Ils venaient de la place Verte et de la pâture Coppeaux, où il y avait des dépôts de bois.

M. Van Crombrugghe, brasseur. — Plusieurs fois, dans la journée, les manifestants sont venus prendre des pierres dans la cour de la brasserie. Vers six heures, quelques-uns sont revenus; les femmes mettaient des pierres dans leurs paniers.

La collision.

M. le commissaire Ruche est appelé.

— Il était près de six heures du soir, dit-il, quand la bande à la tête de laquelle était Giloteau est arrivée sur le cordon de troupes. Des pierres ont été lancées. Un soldat a été blessé. On l'a transporté chez moi pour lui donner des soins. Le commandant s'est précipité, je l'ai vu les bras en l'air, s'adressant à la foule et prononçant des paroles que je n'ai pas entendues. La ligne flottait, elle allait être percée. — On a tiré.

M⁰ Tardif. — Où était M. le maire de Fourmies pendant toute cette journée?

R. — J'étais sur la place, à mon service. Il était à la mairie.

M⁰ Tardif. — Et M. le sous-préfet d'Avesnes?

R. — Je l'ai vu arriver, mais je n'ai pas eu à m'occuper de ce que faisaient mes chefs.

M⁰ Millerand. — Est-ce que vous teniez le maire au courant des événements?

R. — Tous ces messieurs étaient prévenus au fur et à mesure, soit par mes agents, soit par moi.

M⁰ Millerand. — Si les individus arrêtés n'ont pas

été relâchés, cela tenait-il aux dispositions que vous aviez prises ?

R. — Je n'ai reçu aucun ordre pour faire élargir les prisonniers. Je n'avais donc pas à les mettre en liberté.

M. LE PROCUREUR GÉNÉRAL. — M. le procureur de la République interrogeait les prévenus au fur et à mesure de leur arrestation, et il y en a même eu quelques-uns qui ont été relâchés.

Mᵉ TARDIF. — Nous regrettons de ne pas avoir connu plus tôt ce fait.

LE LIEUTENANT JULIEN était à la fenêtre de la mairie quand il a vu arriver la bande, précédée du drapeau cravaté de noir ; il est immédiatement descendu sur la place, et, rassemblant ses hommes, est monté à cheval. Ils sont allés se placer derrière le cordon de fantassins qui barrait la place du côté de la rue des Eliets.

Le commandant a dit : « Je vous préviens que les « armes sont chargées, et si ça recommence. je fais « tirer. »

Une seconde poussée s'est produite et une nouvelle attaque. Il grêlait des pierres. Les soldats relevaient les bras pour se garantir la tête.

Des individus essayaient de renverser les soldats, en les prenant par les jambes. Le lieutenant Colsenet était renversé et avait été entraîné à quelques pas de ses hommes.

A ce moment, les manifestants étaient sur les soldats. j'ai cru que le cordon allait être balayé, et je crois que, si la fusillade n'avait pas éclaté, tout était emporté.

UN JURÉ. — Combien y avait-il de gendarmes sous vos ordres ?

R. — Neuf.

M⁰ TARDIF. — Pourquoi le lieutenant n'a-t-il pas fait charger ses hommes?

LE TÉMOIN. — L'attaque a été trop vive. Le corps à corps s'était déjà produit quand les hommes sont venus se placer derrière le cordon des fantassins. Pour charger, il aurait fallu passer sur le corps de ces derniers.

M⁰ MILLERAND. — Combien de temps s'est écoulé entre le moment où les gendarmes ont pris position et celui où ils ont tiré?

R. — Une minute, ou deux.

LE BRIGADIER DE GENDARMERIE a vu le commandant Chapus frappé au bras par une pierre, et le lieutenant Colsenet enveloppé, frappé. Le commandant a fait les sommations, puis il a fait mettre la baïonnette en avant. La troupe oscillait, les soldats ont tiré en l'air. Tout a été inutile. La troupe a mis ses baïonnettes contre les poitrines des agresseurs.

LE MARÉCHAL DES LOGIS GUYON constate qu'entre 4 et 6 heures, il s'était produit une sorte d'accalmie. Mais les bandes sont revenues en criant : « C'est du sang qu'il nous faut! »

LE MARÉCHAL DES LOGIS LERICHE, malgré ses blessures, est revenu sur la place.

— J'ai vu, dit-il, des soldats tomber et le lieutenant Colsenet renversé et entraîné. J'ai cherché à débarrasser le lieutenant. Mais, à ce moment, j'ai été moi-même terrassé, piétiné. La troupe était assaillie à coup de pierres, et, pour parer les coups, les soldats levaient leurs fusils au dessus de la tête comme pour s'en couvrir. A plusieurs reprises le cordon de troupe a failli être forcé, rompu. Le commandant a été obligé de faire tirer.

Le commandant Chapus, du 145e. 46 ans. Tête de vieux soldat, front large, cheveux grisonnants, épaisse moustache, lunettes.

Le témoin, d'une voix forte que l'émotion fait vibrer, jure de dire toute la vérité.

— Le 1er mai, dit-il, à six heures du soir, j'étais sur la place de la mairie de Fourmies. J'avais sous mes ordres deux compagnies que j'avais disposées en cordons, l'un barrant la place du côté de la Grande-Rue, l'autre composé de 34 hommes, en défendant l'accès du côté de la rue des Eliets. La foule qui stationnait dans la rue des Eliets était calme, lorsqu'un premier groupe, auquel étaient mêlées quelques femmes, s'avança vers les soldats, les provoquant à l'insubordination et cherchant à leur faire violer leur consigne. Les groupes devenaient de plus en plus nombreux. Je fis marcher en avant huit ou neuf hommes, et les manifestants reculèrent. Mais un vide se produisit entre le mur et les soldats. Cela me parut dangereux. Je fis reprendre à ces hommes leur position première.

Une colonne très nombreuse arrive, elle est armée de bâtons ; devant elle marche un jeune homme portant un drapeau. Elle se jette brusquement sur le cordon de troupes, elle attaque à coups de pierres.

Je me porte sur le front, je somme les émeutiers de se retirer. Mes paroles sont sans effet. Je réitère les exhortations, tout est inutile. Alors j'élève la voix, je commande de charger les armes. Mes actes et mes paroles sont toujours sans effet. Je préviens neuf de mes hommes de se tenir prêts à tirer en l'air.

Plusieurs de mes soldats étaient blessés ; ils s'étaient affaissés, leur sang coulait. Le lieutenant Colsenet qui, avec un généreux dévouement, était venu se placer devant le rang, était renversé, terrassé, frappé. On le dégagea. L'agression avait été si soudaine et si violente, que le cordon allait être forcé. Sous la grêle de pierres, les soldats relevaient leurs bras et leurs fusils au-dessus de leurs têtes. Je fis tirer en l'air.

Encore une fois, tout fut inutile. Une poussée formidable se produisit. Si j'avais hésité une seconde, nous étions perdus. Les règlements militaires, mon honneur, la sécurité de mes hommes m'obligeaient à commander le feu. Je m'y décidai, pour ne pas être réduit à la honteuse nécessité de capituler devant l'émeute, et presque aussitôt je fis cesser le feu. (*Applaudissements au fond de la salle.*)

M. le Président fait rétablir le silence.

LE TÉMOIN. — Je dois ajouter que la discipline a été parfaite. Aucun de mes soldats n'a bronché sous les injures et les coups. Ils ont tout supporté en silence. (*Sensation.*)

Mᵉ TARDIF. — Quelle était l'importance des troupes sous vos ordres?

R. — Environ 140 hommes.

Mᵉ TARDIF — Il y avait d'autres troupes du 84. A combien les évaluez-vous?

R. — Environ 150 hommes. En tout, 280 à 300.

Mᵉ TARDIF. — Le vide, sur la place, était-il suffisant pour que les troupes pûssent évoluer?

R. — Il y avait une quarantaine de mètres.

Mᵉ MILLERAND. — Oh! non, cent!

LE TÉMOIN. — Je n'insiste pas.

Mᵉ MILLERAND. — Avez-vous vu le sous-préfet d'Avesnes pendant la journée ?

R. — Je suis arrivé à Fourmies vers trois heures et

sur la place vers 4 heures. Le maire et le sous-préfet étaient là. L'un d'eux m'a même donné l'ordre de faire évacuer, ce que j'ai fait, malgré la résistance de la foule et sans qu'aucune violence ait été exercée ; ce qui prouve combien j'étais décidé à agir avec modération.

Me TARDIF. — Y avait-il de l'espace libre derrière vous ?

Le commandant ne paraît pas comprendre la question du jeune défenseur. Il ne peut penser qu'on lui demande pourquoi il n'a pas reculé.

Me Tardif insiste. Me Millerand intervient :

D. — Y a-t-il eu une charge à la baïonnette ?

R. — Non, une marche en avant seulement, et les manifestants, je le répète, ont reculé.

Me MILLERAND. — Pourquoi n'avez-vous pas songé à appeler la gendarmerie ?

R. — Rien ne pouvait faire prévoir la collision, qui n'a duré que quelques minutes, j'étais assez occupé à me défendre...

Me MILLERAND. — Pendant l'agression n'avez-vous pas vu le lieutenant de gendarmerie derrière vous ?

R. — Oui, une seconde.

Me MILLERAND. — Pourquoi n'avez-vous pas jugé à propos de faire une charge à la baïonnette ?

R. — Il aurait fallu avoir plus d'espace et plus d'hommes. Une charge à la baïonnette était impossible. Les hommes auraient été désarmés, et pour les dégager, *il se serait produit un malheur encore plus grand que celui que je suis le premier à déplorer.*

Me TARDIF. — Y avait-il sur la place des hommes massés ?

R. — Environ 150 du 84e, mais ils n'étaient pas sous mes ordres.

Le Président. — C'est donc un cordon de trente-quatre hommes qui a supporté tout l'effort ?

R. — De trente hommes seulement ; j'en avais plusieurs hors de combat.

Le Procureur Général. — Pouviez-vous vous dégager de vos préoccupations pour vous entendre avec le commandant du 84e?

R. — C'était impossible ! Si j'avais hésité une seconde, mes soldats étaient désarmés, et alors... que serait-il arrivé ?... (On devine ce que veut dire le commandant Chapus. Les compagnies du 145e et du 84e auraient fait feu, et il y aurait eu des centaines de victimes !)

M. Ruche, commissaire de police de Fourmies, est rappelé. La défense lui demande quelques renseignements topographiques. Elle veut savoir si l'on n'aurait pas pu utiliser les cordons de troupes placés sur les escaliers de la place.

Le témoin explique que la foule était compacte dans la grande rue, et qu'on n'aurait pu sans danger laisser libre l'accès de ces escaliers.

D. — Ne pouviez-vous pas requérir l'intervention du 84me?

R. — Je n'avais aucun ordre à donner aux troupes.

Le lieutenant Colsenet, du 145 me de ligne revient brièvement sur les faits exposés par le commandant Chapus. Une marche en avant, dit-il, avait été faite et la foule s'était retirée à dix pas. Le cordon de troupe fut ramené à sa position. Tout à coup, vers 6 h. 1/4, une poussée violente se produisit dans la rue des Eliets. Le commandant fit faire des sommations ; les agresseurs n'en tinrent aucun compte. Je me portai sur le front, mais je fus entouré, terrassé.

frappé. Un sergent du 84me et le maréchal-des-logis Leriche vinrent me dégager.

Me MILLERAND. — Le 84e était donc à portée de vous venir en aide ?

R. — Le sergent du 84me qui m'a dégagé n'était pas dans le rang ; il avait un service spécial ; c'était le vaguemestre.

Répondant à diverses questions, le lieutenant raconte qu'il a vu tomber plusieurs soldats atteints par les pierres. Les baïonnettes étaient presque sur les poitrines des assaillants. A la fin, ce fut un véritable corps à corps.

Un agent de police déclare qu'il a vu des soldats blessés ; il en a conduit un à la mairie. Le cordon de troupe allait être forcé.

Témoins à décharge.

VAUGIN (Louis), forgeron à Fourmies.

D. — Culine a-t-il dit, le matin, devant l'église, qu'il fallait crier : « Vive l'armée ! »

R. — Je ne l'ai vu que vers trois heures, chez Buissart.

La défense insiste pour savoir si le témoin n'a pas entendu recommander de crier : « Vive l'armée ! »

R. — Je ne l'ai pas entendu, on me l'a dit.

On s'aperçoit qu'il y a eu confusion de noms. Vaugin a été pris pour Ogé, tisseur à Wignehies.

OGÉ raconte que, vers midi, Culine a fait crier vive l'armée ! « Il nous a dit ensuite : Restez calmes ; réu« nissez-vous au café du *Cygne* et attendez paisible« ment. On veut vous provoquer ; prenez garde ! »

Culine affirme qu'il était devant l'église à 10 heures et demie et non pas à midi.

Brugnon, menuisier à Fourmies. — Je me suis trouvé avec M. Culine la veille du 1er mai ; il a toujours recommandé le calme.

D. — Et le 1er mai aussi ?

— Oui. Nous prenions un verre ensemble, de temps à autre, et toujours avec cœur. (*Rires*)... Oui, l'on prenait un verre..., et comme je suis marchand de journaux...

Le Président. — Ah ! vous vendez des journaux ?

R. — Je suis le vendeur de la *Défense des travailleurs*, de Saint-Quentin... M. Culine était tranquille. Nous avons toujours pris un verre ensemble. (*Nouveaux rires.*)

Tourneux, fileur. — Nous avons pris un verre avec M. Culine. Il m'a dit : « Allons au théâtre Flavigny, « pour attirer la foule ; ça changera les idées. » M. Culine y tenait beaucoup, parce que ça aurait fait disperser le monde. Nous avons ensuite été ensemble prendre quelque chose chez Démanet, et puis chez Monaque.

Ponsart, fileur, a vu Culine, le matin, monter son transparent. Il ne l'a plus retrouvé que le soir, après la fusillade. En apprenant ce qui s'était passé, Culine a été désolé, il s'est mis à pleurer.

Bombled, fileur. — Vers 10 heures, je suis allé au *Cygne*, à la réunion des délégués. J'en étais un. J'ai parlé à Culine ; il recommandait toujours d'être calme. Puis nous sommes allés à la mairie. Le soir, nous nous sommes trouvés chez Tourneux. On lui a offert un verre ; il l'a refusé, il pleurait.

Ensuite, nous avons été ensemble chez M. Delatte, au *Courrier* : nous y avons passé à peu près une demi-heure et nous sommes rentrés chez nous.

HAVRET (Jules), tisseur. — Culine n'était pas avec la bande du matin, à la Sans-Pareille, il n'a jamais excité la foule. Vers dix heures, il était sur l'escalier de l'église. Tout le monde chantait.

On est allé ensemble chez Démanet. Culine a écrit le compte rendu de la journée, pour le *Courrier*. On a bu des chopes... Et puis... je ne me rappelle pas. On a bu encore des chopes. Nous avons rencontré deux femmes de filature. Elles m'ont demandé si je ne payais pas une chope. Je leur en ai payé deux à chacune et je suis parti. (*Rires.*)

BIENVENU, terrassier. — A aidé Culine à monter son transparent. Puis on est allé chez Démanet et sur la place. En route on a bu quelques chopes.

LŒIL (Georges), cordonnier à Fourmies. — Nous avons été au *Cygne*, on s'est trouvé avec Culine et sa famille, et l'on a chanté une chanson. Je ne l'ai plus revu.

THIÉBAUT, rattacheur. — Culine a parlé sur les marches de l'église. Il a dit qu'on allait nous délivrer les prisonniers.

D. — Recommandait-il le calme ?

R. — Je n'ai pas entendu.

GUSTIN (Eugène), rattacheur. — J'ai rencontré M. Culine, après la fusillade et je lui ai dit qu'on avait tiré. Il m'a demandé : « A blanc ? »

— « Mais non !... il y en a qui sont tombées? »

D. — Quelle impression a-t-il éprouvée ?

R. — Ah !... il a eu un air, un air !...

VALLEZ (Gustave), tisseur. — S'est trouvé le soir avec Culine, à la Houppe-du-Bois, chez Mme Bourlat. Nous avons bu une chope ensemble.

D. — Que vous a-t-il dit ?

B. — On ne s'est pas parlé.

Mme TOURNEUX. — Dix minutes après la fusillade, M. Culine est venu chez nous. En entrant, il a dit : « En voilà une, d'affaire !... Qui aurait jamais cru ça ! » On lui a versé un verre ; il a refusé et il est resté longtemps la tête dans ses mains.

L'huissier appelle le témoin Delatte.

Ce témoin, qui prenait des notes dans la salle, se lève et s'avance vers la barre.

M. LE PRÉSIDENT. — Qu'est-ce donc que ce témoin qui, contrairement à la loi, a assisté à l'audience ?

Le témoin veut expliquer qu'il y a été autorisé par la défense.

LES DÉFENSEURS. — Nous l'avons averti que nous ne prenions, en ce cas, aucune responsabilité.

LE PRÉSIDENT. — La loi s'oppose formellement à ce qu'il soit entendu. Nous ne pouvons recevoir son témoignage.

LES DÉFENSEURS. — Oh ! nous n'y tenons pas tant que cela,... nous n'y tenons pas !

Le témoin regagne sa place sans mot dire.

Mlle DOUSIAUX, débitante et boulangère (du café du *Cygne*). — Les réunions tenues par M. Culine avaient lieu en haut. Elles étaient toujours calmes. Le soir du 1er mai, M. Culine n'est pas revenu. Du moins, je ne l'ai pas vu. Nous avions alors beaucoup de monde à servir.

Mme CHAUDRON, ménagère. — Après la fusillade j'ai rencontré M. Culine. Il m'a demandé « comment on avait tiré ». Il ne m'a pas fait d'autres questions.

HORTENSE ROLY. — Elle était avec le précédent témoin. Culine a demandé : « On a donc tiré ? »

DRUON, tisseur. — Culine a toujours exhorté les ouvriers à bien faire. Il n'a cessé de recommander le calme et le silence.

M. LE MAIRE DE SEDAN. — Je n'ai que de bons renseignements à donner sur M. Culine. Lorsque j'étais président du Conseil des prud'hommes, il faisait partie de ce Conseil. Nous l'avons nommé vice-président à l'unanimité. Il a toujours rempli ses fonctions avec zèle. Nous n'avons eu qu'à nous louer de lui et quand il quitté Sedan, le Conseil a tenu à lui exprimer ses regrets.

M. COURTOIS, de Sedan. — A coopéré avec Culine à la fondation de chambres syndicales. Il a toujours regardé Culine comme un parfait honnête homme.

M. CARTELAT, peintre, à Attigny. — Nous n'avons eu que de bons rapports avec M. Culine. Il n'avait pas alors des idées avancées. Nous étions, nous autres, des républicains modérés, centre gauche. Il n'y avait, chez nous, ni comité socialiste, ni chambre syndicale. M. Culine, en partant, n'a laissé que des sympathies.

Le commissaire de police de Fourmies est rappelé.

Il donne quelques explications sur l'incident de la place verte. Un nommé Fortier était monté sur un arbre, avait pris le drapeau de Giloteau et chantait une chanson. Ce Fortier excita la foule à délivrer les prisonniers.

AUDIENCE DU 5

Cette audience est ouverte à 11 h. 25. Lafargue entre, portant un paquet de journaux, livres et brochures. Il tend la main à Culine et s'assied à la place qu'il occupait hier, entre les deux défenseurs MM^{es} Millerand et Tardif causent avec M. Jules Guesde.

On va entendre les témoignages relatifs à l'affaire Lafargue.

L'accusé rappelle qu'il est venu faire une conférence à Anor, à l'occasion d'une grève qui allait éclater chez M. Gédéon Poulin. Il a vivement conseillé aux ouvriers de ne faire grève qu'à la dernière extrémité. Après leur en avoir montré les inconvénients, les dangers, les souffrances, il les a exhortés à faire faire une démarche conciliatrice par MM. Ch. Belin et Rousseau.

Sur sa proposition, la résolution a été prise à l'unanimité. Deux copies en ont été faites, l'une par M. Belin, l'autre par M. Rousseau.

« J'ai eu depuis, ajoute l'accusé, la satisfaction « d'apprendre que cette grève avait été bientôt sus- « pendue. »

Charié, directeur de filature à Wignehies. — J'ai assisté à la réunion du 11 avril. La séance était présidée par M. Cartegnie. Le drapeau rouge était déployé. Renard a dit que les usines, les machines, les métiers étaient à l'ouvrier.

D. — Qu'avez-vous entendu dire par Lafargue ?

R. — M. Lafargue a parlé d'abord des seigneurs et des serfs. Il a dit que le baron était un protecteur ; qu'au jour du danger, il faisait sonner la cloche, et que les serfs venaient se réfugier sous le château. Tandis que, aujourd'hui, la cloche sonne dans les usines, les ouvriers se rendent, joyeux, dans ces bagnes, où ils travaillent douze ou quatorze heures.

D. — Vous avez bien entendu ces paroles ?

R. — Je cite textuellement. M. Lafargue a dit ensuite : « Les patrons entassent, entassent toujours ! Ce ne serait rien s'ils employaient leurs millions à perfectionner leur outillage, à améliorer les conditions hygiéniques du travail et le sort de l'ouvrier. Mais ils les emploient à des usages infâmes !... Et vous, jeunes gens, appelés au service militaire, c'est vous qui montez la garde devant leur coffre-fort !... Que sont-ils ces patrons ? Des fainéants. Ils se saoûlent, camarades !.. A quoi sont-ils bons ? Ce sont des inutiles et les inutiles, on les supprime !.. Il faut les détruire, comme on détruit les poux et les punaises par l'insecticide !... »

D. — L'orateur parlait avec feu, avec exaltation ?

R. — Mais non ! il n'avait pas l'air irrité, méchant ; il avait plutôt ce sourire qui lui est particulier.

D. — Et puis, qu'a-t-il dit encore ?

R. — « Ces gens-là sont pourris. Ils ont la goutte,
« des maladies d'estomac. Leur peau ne serait pas
« même bonne à faire des gants. Tout ce qu'on pourra
« faire de ces inutiles, ce sera de les employer à ra-
« masser du crottin.

« J'ai habité l'Angleterre. Les Anglais sont plus
« avancés que nous, sous le rapport de l'organisa-
« tion sociale. Mais vous avez sur eux une supériorité :
« vous êtes exercés au maniement des armes. Quand
« on aura besoin de vous, on vous le dira '

« Et vous, jeunes gens, ne tirez pas sur vos frères.
Mettez la crosse en l'air ! »

Sur ces derniers points comme sur les précédents, le témoin est très affirmatif. Aux questions du président et des défenseurs il répond nettement, fermement.

M⁰ MILLERAND. — Devant qui avez-vous comparu, à l'instruction ?

R. — Devant le Procureur de la République.

D. — Quelles questions vous a-t-il posées ?

R. — Il m'a dit seulement : « dites ce que vous savez. »

Le témoin déclare qu'il a pris des notes, le lendemain de la réunion. « Je les ai remises « au patron, « dit-il. C'était pour pouvoir mettre les ouvriers en « garde contre ces excitations. »

D. — Qu'a-t-on fait de ces notes ? A qui ont-elles été remises ?

R. — Je ne sais pas.

D. — Que sont-elles devenues ?

R. — Je ne sais plus.

Lafargue. — Qu'ai-je dit de la journée de 8 heures ?

R. — Vous en avez parlé, mais je ne me souviens bien que de ce qui m'a frappé.

M⁰ Millerand. — Vous rappelez-vous ce que Lafargue a dit des financiers ?

R. — Oui ; il me semble qu'il a beaucoup parlé du Panama.

D. — Culine a-t-il pris la parole ?

R. — Oui, il a rendu hommage au drapeau rouge, « le drapeau des travailleurs », tandis que le drapeau tricolore avait été traîné dans le sang français, en 1848 et 1871.

On a crié, à la fin de la réunion : « Vive la commune ! « Vive la Sociale ! »

Couibe, directeur-contre-maître de filature, à Wignehies, assistait à la réunion.

Le docteur Lafargue, dit-il a parlé, de la différence de la situation de l'ouvrier autrefois et aujourd'hui. Autrefois le serf avait la protection du baron. Maintenant l'ouvrier arrive au son de la cloche et fait sa pénible journée. Le patron l'exploite et entasse l'argent gagné par ce pauvre travailleur. Puis, quand il lui plaît, il renvoie l'ouvrier, il le met sur le pavé.

Lafargue a parlé de la grève générale et de ses conséquences, c'est alors qu'il a prononcé la phrase : « Il n'y a plus rien, plus rien que la nuit qui *favorise* « ou qui *protège* le crime. »

Le conférencier, rappelant son séjour en Angleterre, a ajouté que l'ouvrier français avait une supériorité par le maniement du fusil. « Un jour, a-t-il dit, nos « travailleurs sauront où prendre des armes, et ils sauront s'en servir. »

« Vous seuls êtes utiles, vous êtes les producteurs. « Les patrons sont des inutiles : il faut s'en débarrasser comme on se débarrasse des poux, des punaises, etc. »

« Cette idée a été reprise par Renard, dans la réunion du 30 avril. Mais Renard n'a pas employé tout à fait les mêmes termes. »

Comme le précédent témoin, Couibe est très affirmatif.

LAFARGUE. — Vous m'avez entendu parler des financiers ? N'est-ce pas à eux que j'ai appliqué le mot *inutiles ?*

R. — Non ; ce n'est pas à ce moment que vous avez dit le mot.

LAFARGUE nie vivement qu'il ait parlé de tuer les patrons ; il ne se souvient nullement d'avoir parlé de poux, de punaises et d'insecticide.

Le témoin maintient énergiquement ses affirmations. « Lafargue a même dit que les patrons sont « des fainéants, qu'ils se saoûlent, etc. » Le lendemain, à ce propos, un patron de notre connaissance

a dit à ses ouvriers : « Comment! vous avez entendu
« dire de pareilles choses contre nous, et vous ne
« nous avez pas défendus? » Les ouvriers ont
répondu : « Oh! nous savions bien que ce n'était pas
« vous qui étiez attaqué! »

Passant à l'incident du discours Caprivi et des progrès du socialisme dans l'armée allemande, le témoin
ajoute : « Lafargue a dit: Il faut **qu'en France ce soit**
« la même chose. Est-ce que les fils d'ouvriers monte-
« ront toujours la garde devant le coffre-fort du pa-
« tron? Non! ils feront cause commune avec les ou-
« vriers... Jeunes soldats, le jour de la révolution
« prévue, vous mettrez la crosse en l'air! »

Mᵉ MILLERAND. — Où travaillez-vous?... — R. Chez
M. Boussus. — D. Sous la direction de M. Charié? —
R. Oui.— D. Vous avez déposé chez le Procureur de
la République? Après M. Charié? — R. Oui ; lorsque
j'y suis arrivé, M. Charié y était encore.

D. — M. le Procureur de la République vous a lu
d'abord la déposition de M. Charié?

R. — Non, non! il m'a fait faire la mienne d'abord,
puis il m'a lu celle du précédent témoin.

Malgré la vive insistance de Mᵉ Millerand, Couibes
maintient toutes ses affirmations et ne varie sur
aucun point.

Mᵉ MILLERAND. — Le lendemain de la réunion,
M. Boussus n'a-t-il pas convoqué quelques ouvriers?
— R. Oui. — D. Sur la demande du patron, Charié
n'a-t-il pas rédigé des notes? — R. En effet. — D. On
a souvent parlé de ces choses, depuis lors? — R. Certainement, comme on parle de choses qui intéressent
beaucoup l'industrie et les ouvriers.

D. — Que sont devenues les notes de M. Charié ?

R. — Ah! je ne sais pas !

D. — Chez le procureur de la République, n'en avez-**vous** pas causé avec Charié?

R. — Non, monsieur, non !

Lafargue. — Dans ma conférence, n'ai-je pas parlé de la journée de huit heures?

R. — Oui, vous avez même dit qu'elle pourrait être réduite à trois heures.

D. — Quelles raisons en ai-je données?... N'ai-je pas dit que la réduction à huit heures ferait diminuer le chômage? N'ai-je pas parlé des avantages qu'elle aurait pour le petit commerce?

R. — Oui, je me rappelle cela.

D. — Et pour les industriels?

R. — Je ne m'en souviens pas.

Capelle, rotier-lamier, à Wignehies. — J'étais à la réunion du 11 avril. Lafargue a dit qu'il fallait se syndiquer et bien se tenir! « Le moment venu, a-t-il « ajouté, on descendra! Moi, je suis descendu, pen- « dant la Commune. » Et puis il a parlé des serfs, qui trouvaient protection chez leurs seigneurs, tandis que les ouvriers d'aujourd'hui sont de vrais esclaves. « Quand la cloche sonne, ils arrivent faire la longue « et dure journée. Les patrons les exploitent, ce sont « des fainéants; il se saoûlent, camarades! Oui c'est « des fainéants et des inutiles! Les bêtes inutiles, « (*sic*) on les tue!... Il y a un insecticide pour ça. »

« Si on les tuait, ces fainéants! Ah! non!... Ça n'en « vaut pas la peine! Ces gens-là sont pourris; ils ont « toutes sortes de maladies. S'il fallait faire une paire « de gants avec leur peau, ça serait difficile. Ah! « non!... On leur fera ramasser du crottin! » (*Rires*).

Moi, ajoute le témoin j'ai été très touché oui, très

touché. Ouvrier, ami de l'ouvrier toujours, je me suis occupé des associations, j'ai organisé des sociétés coopératives. Quand j'ai vu ça, j'en ai été malade !

Complétant sa déposition, le témoin déclare que Lafargue a dit aux ouvriers : « Vous êtes supérieurs « aux Anglais par le maniement des armes. Ces « fusils qu'on met entre vos mains, vous saurez un « jour contre qui les diriger. » Ensuite il a parlé de ce qui s'était passé à Berlin, d'un discours de M. Caprivi, à propos d'une demande de crédit.

Et alors il a ajouté : « En Allemagne, pour l'inté-« rieur, on ne pourrait plus répondre de l'armée. Ça « sera la même chose en France. Le soldat français, « si on l'appelait contre ses frères, mettrait la crosse « en l'air!

M° MILLERAND. — M. Boussus est votre client ?

R. — J'ai vingt-cinq clients, monsieur!

D. — Notamment M. Boussus?

R. — Comme les autres.

D. — Qu'avez-vous dit, chez le Procureur de la République?

R. — J'ai dit : « J'étais à cette réunion; j'y ai « entendu de bonnes paroles, mais d'autres déplo-« rables! — Un citoyen, un vrai, n'aurait jamais dû « dire des choses comme ça! »

M° MILLERAND. — Le Procureur de la République ne vous a-t-il pas donné lecture des dépositions précédentes?

R. — Oui, *quand j'ai eu fait la mienne.*

Dans sa forme originale et avec son accent rustique, cette déposition nette et ferme a fait une forte impression.

M° Millerand toutefois persiste à prétendre que les

deux derniers témoins n'ont fait que répéter une leçon apprise, et que cette leçon est la déposition de Charié.

POUTRE, clerc de notaire, à Wignehies. — Dans la réunion du 11 avril, Lafargue a prononcé des paroles violentes. Il a répété que les patrons sont des fainéants et des *soulands*. « J'ai très bien entendu les mots : « Car ils se saoûlent, camarades ! » Il a également parlé de poux, de punaises et d'insecticides à employer contre la vermine, c'est-à-dire contre les patrons.

D. — A-t-il dit qu'il fallait les tuer?

R. — Il a dit ensuite : « Après tout, il n'est pas « nécessaire de les tuer ; on ne pourrait faire des « gants avec leur peau. Ils ramasseront du crottin et, « comme généralement, ils ne sont pas courageux, « on ne leur fera faire qu'une demi-heure. (*Rires.*)

Aux jeunes gens, aux soldats, il a dit de se souvenir de leurs frères, de ne pas tirer.

Puis il a parlé de la grève générale des mineurs et de ses conséquences.

M° MILLERAND. — Est-ce que le témoin ne prend pas pension dans le même restaurant que Couibes? —

R. Oui. — D. N'a-t-il pas assisté à la réunion avec Couibes et Charié? — R. Oui.

MILLEVIE (Léon), directeur de tissage à Anor.

Il a assisté, le 13, à la réunion d'Anor. Lafargue a exposé les conséquences de la grève générale des mineurs.

« Les capitalistes et les bourgeois, a-t-il ajouté, « s'en rendent compte, et ils tremblent. Syndiquez-« vous : c'est le moyen d'améliorer votre situation. Il « faudra bien qu'on cède à vos revendications !

« Les capitalistes, les bourgeois sont des exploi-
« teurs, des voleurs, des fainéants qui s'engraissent
« de vos sueurs, et qui se vautrent dans l'orgie. Que
« font-il pour vous? La plupart, vous ne les connais-
« sez pas! Comparez donc la valeur du travail d'un
« ouvrier et d'un de ces patrons. Pendant que l'ou-
« vrier gagne six francs, le patron ne gagnerait pas
« quinze sous!... Ces gens-là sont des inutiles. On
« trouvera bien un insecticide pour s'en débarrasser,
« comme on se débarrasse des punaises et des poux!
   « J'ai habité l'Angleterre et j'admire l'organisation
« des ouvriers anglais; mais vous avez une supério-
« rité qui saute aux yeux : vous savez vous servir du
« fusil, et quand il le faudra, vous vous en servirez!
   « Votre jour viendra! Voyez ces beaux châteaux,
« ces belles maisons? Qui a fait cela? Le maçon ! Et
« ces superbes machines? L'ouvrier mécanicien.
« Ouvriers, tout est à vous, tout vous appartient!...
« Vous, tisseurs quand vous avez fait une pièce de
« tissu, elle doit être à vous! L'usine appartient à
« l'ouvrier, la fosse au mineur, la terre au laboureur!
   « Quand l'inévitable révolution sera accomplie,
« vous exploiterez tout vous-mêmes. Vous nommerez
« vos gérants, vos directeurs, vos ingénieurs, etc.
« Puis vous partagerez en commun les bénéfices. »
   Mᵉ MILLERAND. — Vous avez pris des notes? — R.
Non. — D. Vous n'avez pas dit tout cela à l'instruction?
Songez-y! vous venez d'ajouter des choses impor-
tantes,... des choses graves!.. — R. J'avais été averti
au dernier moment, et je ne me rappelais pas tout. —
D. Et depuis, vous y avez pensé? — R. Mais certainement !

   SALADIN, comptable, à Anor. — Il a, lui aussi,

assisté à la réunion. Il a entendu Lafargue parler de la grève générale.

Un juré. — M. le président, je crois devoir vous avertir que le témoin a un papier dans son chapeau, et qu'il lit des notes.

Le président fait saisir le papier. — En effet, dit-il ce sont des notes ; je les lirai tout à l'heure.

Le témoin achève **sa** déposition. Il déclare que Lafargue a dit que les chemins de fer sont aux ouvriers qui les ont construits, les châteaux aux maçons, etc.

Le président donne lecture des notes saisies, et l'incident est clos, sans qu'il y ait cas de cassation.

Témoins à décharge

Belin (Charles), manufacturier à Fourmies.

Mᵉ Millerand. — Le témoin est président de la chambre syndicale des patrons?

Le témoin. — Il n'y a pas de Chambre syndicale des patrons. Nous avons une association des filateurs de la région, pour l'étude de la limitation du travail et une société industrielle, je suis président de l'une et de l'autre.

A la fin de décembre, une grève éclatait dans un établissement d'Anor. Je fus appelé, avec M. Rousseau, on demanda notre intervention, et l'accord se fit sans trop de difficultés.

Le 14 avril, au matin, j'allais, en voiture, prendre le train pour Paris. Un inconnu vint à moi et me présenta une lettre. Comme j'étais très pressé, je le fis monter dans ma voiture, en lui disant : « nous « causerons en chemin et à la gare. » J'ai su depuis que c'était M. Culine. Dois-je lire la lettre qu'il m'a remise?

En vertu de son pouvoir discrétionnaire, le président ordonne la lecture de la lettre, dont voici le texte :

« Monsieur Belin,

« L'Assemblée réunie salle Meurisse, après avoir appris que M. Poulin avait manqué à ses engagements pris en présence de MM. Rousseau et Belin, et qu'il avait fermé ses ateliers lorsque des ouvriers-ouvrières étaient venus lui réclamer le rétablissement de l'ancien tarif; l'assemblée invite Messieurs Rousseau et Belin à user de toute leur influence, pour engager M. Poulin à rouvrir ses ateliers, et à rétablir les tarifs promis.

L'assemblée se croit d'autant plus autorisée à faire cette invitation que vous, témoins des engagements pris par M. Poulin, il est de votre devoir de les lui faire tenir.

Anor, 13 avril 1891.

Le Président de l'Assemblée.

FOSSE Vital.

Les assesseurs   *Le secrétaire,*
DUWEZ Ed.   CULINE H. »

Je répondis que j'examinerais la question et que j'écrirais de Paris à M. Rousseau.

En effet, j'écrivis de Paris la lettre suivante :

« Paris, le 14 avril 1891.

Cher Monsieur,

J'ai reçu, au moment de partir ce matin pour Paris, c'est-à-dire à 6 h. 1/2, une lettre me disant que M. Poulin avait manqué à des engagements pris devant nous lors de sa dernière grève, etc., etc.

Il m'est difficile de répondre d'ici, où je n'ai pas les documents nécessaires, à une question aussi délicate : je me borne à vous dire que puisque j'ai été avec vous pris à témoin d'ententes ou de promesses entre M. Poulin et ses ouvriers, je ne me déroberai pas à mon devoir si je suis à nouveau appelé par ces derniers et leur patron.

A première vue, il me semble que M. Poulin avait parlé de reprendre ses tarifs lorsque les affaires le lui permettraient. Selon moi, la situation n'en est pas là, si j'en juge par tout ce que je sais et ce que je vois depuis mon arrivée à Paris.

Je vous donne ces documents en hâte et sous le sceau de la plus entière discrétion et vous prie de vouloir bien agréer, monsieur, l'expression de mes sentiments distingués.

Signé : Ch. Belin. »

De cette déposition la défense conclut que Culine s'est efforcé d'empêcher les grèves, et qu'il a fait notamment tout ce qu'il a pu pour mettre fin à celle d'Anor.

Serenus Trognon. — assistait, le 11, à la réunion de Wignehies. Il y était quêteur. Le public, debout, était très serré ; on avait beaucoup de peine à circuler

Lafargue a fait un discours très calme; il a surtout cherché à faire ressortir les avantages de la journée de huit heures.

Le témoin nie avoir entendu parler de « la « crosse en l'air. »

M⁰ MILLERAND. — Le témoin n'a-t-il pas assisté aussi aux réunions de Fourmies et d'Anor?

R. — Oui, à Anor, Lafargue a parlé contre la grève. Il a dit que c'était une arme à deux tranchants, qui blessait l'ouvrier et le patron.

Serenus Trognon déclare qu'avant le 11 janvier, il ne connaissait pas Culine. Personne ne le connaissait, dit-il, avant cette époque.

LE PRÉSIDENT. — Vous étiez souvent dans les honneurs de ces réunions?

R. — J'acceptais de faire partie du bureau.

D. — Et vous avez eu une situation politique... N'avez-vous pas été candidat à la députation?

R. — Oui.

M⁰ MILLERAND. — Est-ce un vice rédhibitoire? (*Rires*).

CARTEGNIE, ancien tisseur, à Wignehies. — Il assistait à la réunion du 11. Lafargue n'y a pas été violent; il n'a donné aux ouvriers que de sages conseils.

D. — Vous avez travaillé chez M. Boussus ?

R. — Oui.

D. — Vous ne travaillez plus comme tisseur, depuis que vous êtes secrétaire de la Chambre syndicale?

R. — Non, Monsieur.

Le témoin continue sa déposition. Le lendemain de la réunion, dit-il, M. Boussus m'a reproché de ne pas avoir pris sa défense. Je devais bien avoir entendu pourtant, qu'on traitait les patrons de fainéants. Je lui ai répondu que ce n'était pas à moi de le défendre puisque son directeur et ses contre-maîtres étaient dans la salle. .

M. MILLERAND. — Est-ce que M. Boussus, ce jour là, ne vous a pas dit autre chose !

LE TÉMOIN, *énergiquement*. — Non, pas autre chose... Lorsque je l'ai quitté, M. Boussus a dit que, plus tard, je pourrais, comme homme, rentrer dans son bureau, mais comme secrétaire de la Chambre syndicale, jamais !

M⁰ MILLERAND. — En somme, M. Boussus était hostile aux syndicats?

R. — Oui, il était mécontent; il disait qu'il se croyait le maître de renvoyer un ouvrier syndiqué.

Le témoin, répondant à diverses questions, déclare que Lafargue a fait surtout le procès des financiers. Il a sans doute parlé contre les armées permanentes, mais il n'a pas dit que le soldat devrait mettre la crosse en l'air.

M⁰ MILLERAND. — Ne savez-vous pas que l'adjoint de Wignehies assistait à la réunion, et qu'il a été appelé par le procureur de la République?

R. — Je sais seulement que le bruit a couru qu'il avait été mandé à Avesnes.

CARNOYE, ancien notaire, manufacturier à Fourmies.

Un journal de Rouen a rapporté un entretien de ce témoin avec Lafargue. M. Carnoye tient à rectifier sur plusieurs points l'article du journal. Ainsi il a reconnu que la journée de douze heures était excessive, mais il s'est déclaré partisan de la journée de dix heures. Cette réduction donnerait satisfaction à tous, à la condition toutefois d'une entente internationale.

De même, le témoin n'admet le travail de nuit que dans les usines à feu continu.

Il a trouvé dans Lafargue un agréable causeur, ayant des connaissances multiples.

Lafargue. — Ne vous ai-je pas dit que j'avais visité la filature Poreaux?

R. — Oui et vous m'avez dit que vous aviez été agréablement surpris des excellentes conditions hygiéniques de cet établissement : « Cela ne ressemble nullement à un bagne! »

M⁰ Millerand. — Le témoin n'a-t-il pas refusé de signer le manifeste des patrons? Veut-il nous dire pourquoi?

R. — J'étais mû par deux sentiments. D'abord mes ouvriers avaient subi un long chômage, pendant l'hiver, pour des réparations. Puis, dans mon personnel se trouvaient beaucoup d'anciens ouvriers attachés à la maison. Je devais avoir des égards. Je craignais du reste, de voir mon autorité mise en échec, ce qui serait arrivé si les ouvriers avaient chômé malgré mon opposition.

Je n'ai pas assisté aux dernières réunions des industriels, on ne m'a pas prévenu et je n'ai pas eu à dire non. Mon refus a été tacite. Une petite affiche a dit que la déclaration était signée de tous les patrons excepté un : c'était évidemment de moi qu'il s'agissait, mais je n'avais eu à prendre aucun engagement.

M⁰ Millerand. — Votre silence impliquait-il désapprobation?

R. — Je n'ai pas d'appréciation à formuler sur ou contre la conduite de mes collègues.

Lécuyer Charles, tisseur. — Assistait à la réunion du 11. Lafargue a prêché l'union dans la classe ouvrière. Il a recommandé le calme. Il a dit : « Ne « tuez pas les patrons... Puisqu'ils ont chacun deux

« ou trois fils, il y en aurait toujours un qui pren-
« drait la place, et ça ne serait pas la peine ! »

On a crié dans la salle « C'est des pourris ! il faut
« les tuer ! » Lafargue a protesté. Il a parlé de supprimer les armées permanentes, et d'organiser l'armée nationale en armant tout le monde ! Voilà tout !

L'audition des témoins était terminée, M. le
procureur général Maulion prononça un réquisitoire très court, très modéré, et ne jugea
pas utile de répliquer aux plaidoiries de
MM. Tardif et Millerand. Le jury avait à
répondre aux questions suivantes :

Culine *est-il coupable de provocation à une
manifestation armée ?*

Lafargue *est-il coupable d'excitation au
meutre par paroles ?*

Eclairé par les interrogatoires et les témoignages, il répondit : *Oui, à la majorité.*

En conséquence, la Cour, présidée par
M. le conseiller Vibert, rendit un arrêt con-
damnant :

Culine, *à six années de réclusion et dix ans
d'interdiction de séjour.*

Lafargue, *à un an de prison et 100 francs
d'amende.*

TABLE DES CHAPITRES

IMP. NOIZETTE, 8, RUE CAMPAGNE-PREMIÈRE, PARIS

Librairie Générale de L. SAUVAITRE, éditeur

PUBLICATIONS NOUVELLES

Un amour en Russie, par GEORGES DE VALLON, 1 vol. in-18. . . . . 3 50

Les Crimes de Trestaillons, par ANTONY RÉAL, 1 vol. in-18 . . . . 3 50

Contes Amers, par ÉMILE EDWARDS, 1 vol. in-18 . . . . 3 50

Le comte de Sorianes, par CHARLES ALFRED VALDI. 1 vol. in-18 . . . . 3 50

Greiffenstein, par F. MARION-CRAWFORD, 2 vol. in-18. . 7 ·

L'Héritage d'Hélène, par Mme RIVIER. 1 vol. in-18. 3 »

Mes loisirs, récits militaires, par JOSÉ DE CAMPOS, 1 vol. in-18 . . . . 3 50

Mariages modernes, par F. POIRIER DE NARÇAY, 1 vol. in-18. . . . . 3 ·

Les Misères du Divorce. — Orphelin, par GILBERT STENGER, 1 vol. in-18. . . . . 3 ·

Boissat chimiste, par CAMILLE DEBANS, 1 vol. in-18. . . 3 50

Baisers d'Ennemis, par HUGUES REBELL, 1 vol. in-18. 3 50

Passionnel, par CASIMIR HULEWICZ, 1 vol. in-18. . . . . 3 50

Saracinesca, par F. MARION CRAWFORD, 2 vol. in-18 . . 7 »

Tourmente humaine, par ZAFAX, 1 vol. in-18. . . . . . 3 50

Charles Gounod, sa vie et ses œuvres, par LOUIS PAGNERRE, 1 vol. in-18. . . . . 5 »

La Confession de Talleyrand, 1754-1838, 1 vol. in-18. 3 50

Études littéraires et artistiques, par AUGUSTE BARBIER, 2 vol. in-18 . . . . 7 ·

Balzac, sa Vie et ses Œuvres, par JULIEN LEMER, 1 vol. in-18. 3 50

Éve dans l'Humanité, par MARIA DERAISME, 1 vol. in-8 3 50

Jeanne d'Arc victorieuse, par SAINT-YVES D'ALVEYDRE. 1 vol. in-8. . . . . 5 »

La Théosophie, par SAINT-PATRICE, 1 vol. in-18. . . . 3 50

L'Argot. — Langage excentrique des peuples étrangers, par CH. JOLIET. in-18. . . . . 2 ·

Cent ans d'élection. Histoire électorale et parlementaire de la France de 1789 à 1890, par FÉLIX CHALLETON, 3 vol. in-18. . . . . 10 50

Moïse, le Talmud et l'Evangile, par ALEXANDRE WEIL. 1 vol. gr. in-18. . . . . 3 ·

IMP. NOIZETTE, 8, RUE CAMPAGNE-PREMIÈRE, PARIS

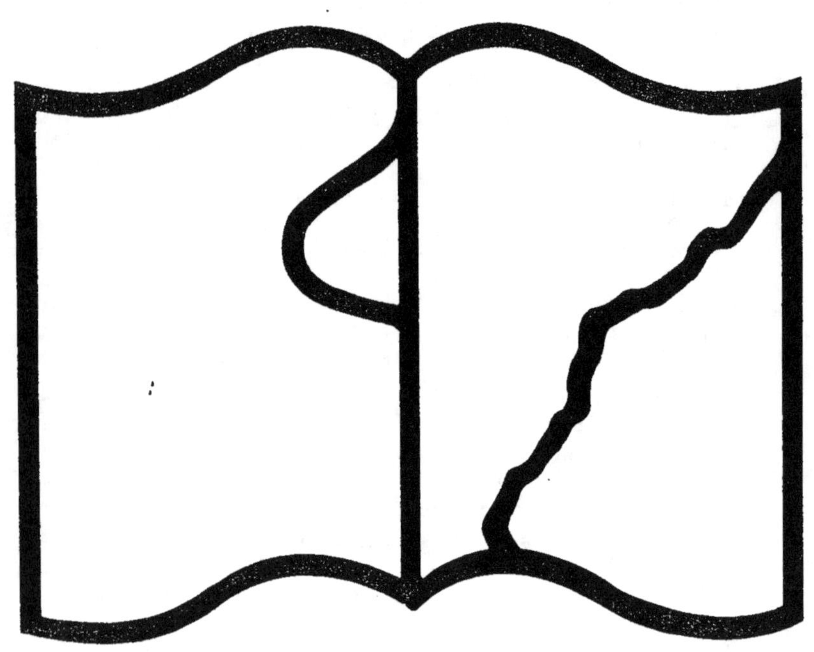

Texte détérioré — reliure défectueuse

NF **Z 43**-120-11